“人工智能从娃娃抓起”系列丛书

走进人工智能

一本面向青少年的人工智能科普读本

上海市青少年活动中心◎编著

復旦大學出版社

图书在版编目(CIP)数据

走进人工智能/上海市青少年活动中心编著. —上海：复旦大学出版社，2021.6
(“人工智能从娃娃抓起”系列丛书)
ISBN 978-7-309-15656-0

Ⅰ.①走… Ⅱ.①上… Ⅲ.①人工智能-青少年读物 Ⅳ.①TP18-49

中国版本图书馆 CIP 数据核字(2021)第 085751 号

走进人工智能
上海市青少年活动中心 编著
责任编辑/李小敏

复旦大学出版社有限公司出版发行
上海市国权路 579 号 邮编：200433
网址：fupnet@fudanpress.com http://www.fudanpress.com
门市零售：86-21-65102580 团体订购：86-21-65104505
出版部电话：86-21-65642845
上海丽佳制版印刷有限公司

开本 787×1092 1/16 印张 8 字数 135 千
2021 年 6 月第 1 版第 1 次印刷
印数 1—4 100

ISBN 978-7-309-15656-0/T·694
定价：61.00 元

编委会

序

我国经济社会快速发展、信息基础设施不断完善，为信息化进一步发展打下了坚实基础，而人工智能时代的到来，将把信息化提升到新的高度。当下，人工智能这个词已经频繁在我们生活和工作中出现，畅想未来，人工智能在教育、医疗、交通、工业、商业等领域将会有更多可以预见或超越想象的应用。

世界人工智能大会在上海成功举办，为青少年近距离参与人工智能、分享人工智能提供了很好的机会。由共青团上海市委员会牵头指导的上海市青少年人工智能创新大赛让新时代的科技雏鹰在这一平台上起飞；青少年人工智能创新发展论坛则聚力青春、对话未来，激励广大青少年激荡人工智能的风浪，实现自身的发展。

为了让人工智能技术惠及更多青少年，上海市青少年活动中心编著了“人工智能从娃娃抓起”系列丛书之《走进人工智能》，这是一本面向青少年读者的有趣的人工智能科普读本。全书从人工智能概论出发，到人工智能的表现形式——会学习、会看、会听说，最后到人工智能伦理，渐渐揭开人工智能的面纱，较为系统地描绘了人工智能这门交叉学科。全书重在科普，巧在体验，在逐步感知中走进人工智能，在动手探索中感悟人工智能。通过一些有趣的类比，将原本“神秘”的人工智能深入浅出地进行讲解，为青少年感知和认知人工智能铺平道路，让青少年能更科学、更理性、更全面地了解人工智能。

教育兴则国兴，教育强则国强，我们要培养能够担当民族复兴大任的时代新人。只有做好了青少年的人工智能科普教育，才能使中国在世界人工智能领域处于领先地位成为可能。青少年人工智能科普读本的推出，也体现了习近平总书记强调的“少年强则国强”的理念。

未来人工智能时代的竞争是人才的竞争，人才的竞争离不开人才的培养，愿这本书在青少年的心中种下一颗人工智能的种子，静待花开，未来可期。

中国科学院院士

上海交通大学副校长

上海少年科学院人工智能分院名誉院长

前 言

亲爱的青少年朋友们，新一代人工智能的迅速发展正在深刻改变着我们身处的这个世界，影响着我们的学习、生活和工作。认识、理解、应用人工智能可以帮助我们更好地面向未来。

什么是人工智能？目前它擅长做什么，哪些事情还做不到？它的神奇之处究竟来源于哪里？它在给我们带来快捷、便利的同时，有什么潜在的风险？这些问题你可能曾经想过，也可能很快就会遇到，但想要回答却并不容易，因为人工智能涉及许多学科和领域的知识。希望我们编写的这本读本，能以深入浅出的方式带大家接近并找到想要的答案。

“人工智能”其实并不是一个新鲜的词汇。自1956年被提出以来，至今已有六十余年，在此期间经历了几个重要的发展时期。基于大数据的深度学习引发了人工智能发展的新浪潮，数据、算法、算力互相助力，成为人工智能发展的三要素。

现在的人工智能究竟和之前的有什么区别呢？一直以来，计算机在完成某个任务时都是依靠程序来驱动的，这些程序可以简单理解为人们事先设定好的众多规则，其中有些规则可能非常复杂。即便如此，在解决某些问题时的效果却并不好，而现在的人工智能在做的一件事，就是根据人们输入的数据信息，自行构建其中的一些规则，从而解决这些问题。这听上去是不是特别神奇？然而在了解了它的工作原理后，也许你会说“哦，原来是这样”。

本书是“人工智能从娃娃抓起”系列丛书的第一本，是上海市青少年活动中心、上海少年科学院为响应国家“发展新一代人工智能”的号召，整合多方资源打造的青少年人工智能科普读本。全书从人工智能概述、会学习的人工智能、会看的人工智能、会听说的人工智能、人工智能伦理五个方面展开，以“先见林，再见树”的理念，带领青少年朋友们纵览当前人工智能领域的各个方面。丛书后继书目还将具体学习探索与人工智能相关的算法和程序设计、开源硬件和科技创新项目等。

在2020世界人工智能大会云端峰会青少年人工智能创新发展论坛上成立的上海少年科学院人工智能分院，以这本读物为学习材料，打造了相匹配的青少年人工智能科普课程。基于青少年学习人工智能的实际问题，组织思考探索、体验感知，进行知识拓展、动手实践，旨在探索人工智能科学普及、科技创新的新方向、新路径，帮助广大青少年走进人工智能新世界，积极为人工智能领域储备青少年人才。

参与本书编写的有上海市青少年活动中心、上海少年科学院的指导老师，也有教研员及中小学的一线教师。本书编写期间得到了陈向东、方向忠、谢忠新、张汶、徐雄、费宗翔、李诚、刘啸宇等专家的指导与帮助，在此表示衷心的感谢！

希望我们的“人工智能从娃娃抓起”系列丛书能陪伴广大青少年朋友一起度过探索人工智能世界的快乐时光。

目 录

第1章 人工智能概述

导 言

本章从世界人工智能大会说起，简述人类智能的含义与人工智能的定义。以图灵测试、达特茅斯会议为起点介绍人工智能的发展历史，讲解人工智能的三要素——数据、算法、算力。以生活中的实例诠释计算机视觉、智能语音、计算机博弈、自然语言处理等人工智能相关技术的应用。

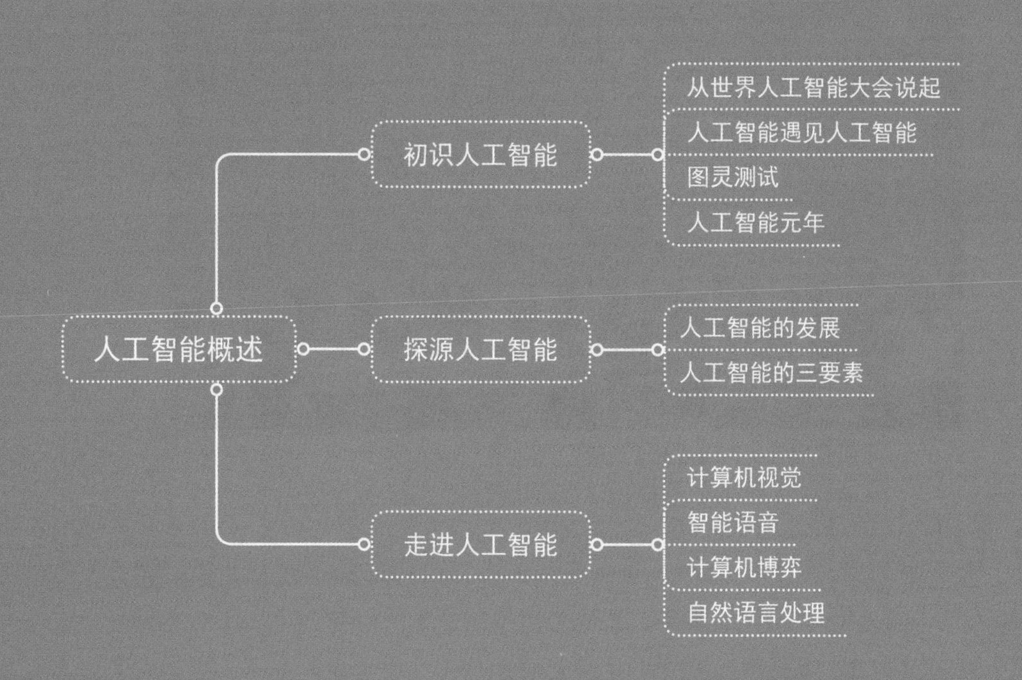

1.1　初识人工智能

1.1.1　从世界人工智能大会说起

未来已来！人工智能（Artificial Intelligence，AI）正不知不觉走进我们的生活，属于人工智能的时代已经来临。

从2018年起，上海每年都召开“世界人工智能大会”（WAIC）。2020年“世界人工智能大会”上设置了青少年人工智能创新发展论坛（图1-1）。

少年智则国智，少年强则国强。人工智能从娃娃抓起，为青少年营造人工智能的学习环境，是青少年人工智能创新发展论坛中永远的主题。

习近平总书记说：“人工智能是引领新一轮科技革命和产业变革的战略性技术。”作为新时代的青少年，我们应当用实际行动投入人工智能的探索。今天我们在这里学习，未来我们走向全球（图1-2）。

图1-1　2020世界人工智能大会云端峰会青少年人工智能创新发展论坛徽标

图1-2　人工智能青少年倡议

小伙伴们，我们人小鬼大，让我们用天真烂漫的童趣，为人工智能涂抹绚烂色彩。
绿苗苗们，我们勤于思考，让我们用天马行空的创意，为人工智能增添无限遐想。
少先队员们，我们时刻准备，让我们用创新探索的智慧，为人工智能发展增智助力。
共青团员们，我们敢为人先，让我们用力学笃行的实践，为人工智能凝聚青春活力。
青年朋友们，我们蓄势待发，让我们用“无畏一切”的担当，为人工智能飞跃聚势领航。

——2019世界人工智能大会闭幕式上，上海市青少年人工智能创新大赛获奖选手代表发出的倡议

知识拓展

世界人工智能大会

世界人工智能大会是由国家发展和改革委员会、科学技术部、工业和信息化部、国家互联网信息办公室、中国科学院、中国工程院和上海市人民政府共同主办的大会，是世界顶尖的智能合作交流平台、具有国际水平和影响力的行业盛会。

2018 年世界人工智能大会的主题是“人工智能赋能新时代”。

2019 年世界人工智能大会的主题是“智联世界 无限可能”。

2020 年世界人工智能大会云端峰会的主题是“智联世界 共同家园”。

全球人工智能领域最具影响力的观点与共识在此汇聚，展示前沿的新理念、新技术、新产品与新应用，具有“高端化、国际化、专业化、市场化、智能化”的特点。“世界智慧”在此交流沟通，开展高端对话，打造“中国方案”。

1.1.2 人类智能遇见人工智能

“智能”是什么，迄今为止人类对于这个问题并没有广泛的共识。人类运用思维解决问题，这其中包含逻辑、推理等一系列动作，但事实上人类解决问题的方法往往并不唯一，甚至有时候，我们很难判定谁的方法更好。

智商测试仪器也许能测试一个人的智商，但是一定能说智商高的人拥有更多智能，对社会更有贡献吗?

答案并非如此。首先，高智商不仅代表高智力，也代表着创新能力，善于思考，具有发现问题、解决问题的能力。其次，除了智商，我们还需要有一定的情商，而情商是认识自我、控制情绪、鼓励自己，以及处理人际关系、参与团队合作等相关的个人能力的总称。最后，我们还需要有正确的价值观，能分辨是非，具有甄别能力。综上所述，也许这才是人类社会更需要的智能。

人类智能的定义尚且没有达成共识，人工智能也一样。

2019 年，参加世界人工智能大会的科学家给出关于人工智能的五种定义：

定义一：人工智能是让人觉得不可思议的计算机程序。

定义二：人工智能是与人类思考方式相似的计算机程序。

定义三：人工智能是与人类行为相似的计算机程序。

定义四：人工智能是会学习的计算机程序。

定义五：人工智能是根据对环境的感知做出合理的行动，并获得最大收益的计算机程序。

对于人工智能的定义，目前较为普遍的认知是，人工智能是研究、开发用于模拟、延伸和扩展人的智能的理论、方法、技术及应用系统的一门新的技术科学。

在一本书中记载了科学家艾伦·图灵（Alan Turing）和警察的一段对话：

警察　机器能思考吗?

图灵　好吧，在我看来，你这个问题本身就很愚蠢。

警察　是吗?

图灵　机器当然不能像人一样思考。一台机器跟一个人是不一样的。因为两者的思考方式不同。有趣的是，正是因为某些东西跟你的思维方式不同，就意味着它们不能思考吗?

我们允许人类的思想千差万别。你喜欢香蕉，我讨厌长跑；你喜欢悲伤的电影，我更喜欢喜剧。不同的口味，不同的兴趣，不同的偏好，到底意义在哪里?

如果不是因为我们的大脑运行方式不同，我们的思维有差异，那又是什么造就了不一样的你我呢?

如果我们可以承认人与人之间的思维差异，那为什么我们要否认用铜、电线和铁建造出来的大脑呢?

警察　所以这就是你书里的理论吗? 这本书叫什么名字?

图灵　《模仿游戏》。

思考探索

读到这里，相信很多人有这样一个疑问，人工智能机器真的会思考吗(图1-3)? 如果你认为它会思考，你的理由是什么?

图1-3　人工智能机器的思考

电影《模仿游戏》讲述了图灵的一生。“有时候，正是那些意想不到之人，成就了无人能成之事。”（Sometimes it’s the very people who no one imagines anything of who do the things no one can imagine.）还记得在电影《模仿游戏》中这句反复出现的台词吗? 起初并不被看好的“意想不到之人”——图灵使用机器来辅助破译密码，带领他的密码破译团队协助盟军成功破译了德国的密码系统 Enigma，在盟军诺曼底登陆等一系列重大军事行动中发挥了重要作用，从而扭转了战局，成就了“无人能成之事”。

知识拓展

"智"和"能"的定义

《荀子·正名》中记载："所以知之在人者谓之知，知有所合谓之智。所以能之在人者谓之能，能有所合谓之能。"这里认为进行认识活动的一些心理特点被称为"智"，进行实际活动的一些心理特点被称为"能"。

1.1.3　图灵测试

艾伦·图灵是被誉为"计算机科学之父"和"人工智能之父"的英国数学家、逻辑学家、密码学家。计算机领域的最高奖项图灵奖就是以其名字命名的。

1950 年，图灵在《计算机与智能》一书中提出了著名的图灵测试（The Turing Test）和"机器智能"（Machine Intelligence）。

图灵认为机器是可以进行思考的，但这需要机器具有快速的运算速度，具备超出人脑的逻辑单元与记忆容量，同时编制大量的智能化程序，并提供恰当类别、足够数量的数据。

如何判断机器是否具备思维能力呢？在图灵测试中，就提供了一种检测机器是否具备人类智能的方法（图 1-4）。简单说来，就是将一台机器 A 和一个人 B 作为被测试者，再选一个人 C 作为测试者，这里需要将测试者和被测试者隔离，也就是将机器 A 和人 B 放在一个房间，人 C 放在另一个房间。通过一些装置（如键盘），人 C 向机器 A 和人 B 进行随意的提问，经过几轮提问和回答后，如果有 30% 的回答让作为测试者的人 C 无法区分是由人 B 还是机器 A 做出的，那么就可以认为这台机器 A 具有智能。

图 1-4　图灵测试

体验感知

打开微信，添加公众号"小米小爱同学"，选择"精彩推荐"中的"和小爱聊天"，尝试和小爱同学聊一聊。

在2014年6月举行的“2014图灵测试”大会上，人工智能软件尤金·古斯特曼（Eugene Goostman）顺利地通过了图灵测试，这被认为是人工智能领域与计算机史上的标志性事件。

1.1.4 人工智能元年

图灵提出的机器智能可以说是人工智能最早的说法，那么“人工智能”一词是什么时候被提出来的呢?

1956年8月，在美国汉诺威的达特茅斯学院里（图1-5），一群科学家一起研讨用机器来模仿人类学习及其他方面智能的议题。这就是著名的达特茅斯会议。

达特茅斯会议的提案内容非常广泛，其中包括自动计算机、使用计算机语言处理人类语言、神经网络等。在长达2个月的会议中，大家并没有达成普遍的共识。但是，在达特茅斯会议的提案中，最非凡的成就便是提出“人工智能”一词。无心插柳柳成荫，这个词的影响力已经不再局限于它所在的学术界。正因为如此，1956年也被认为是人工智能元年。

图1-5 达特茅斯学院

知识拓展

吴文俊：中国人工智能研究的开拓者

吴文俊是我国著名的数学家、中国科学院院士，陈嘉庚科学奖获得者，2000年度国家最高科学技术奖获得者。2019年9月，获颁“人民科学家”国家荣誉称号。

吴文俊的研究包括数学许多领域，在拓扑学与数学机械化两个方面成就尤为突出，在几何定理的机器证实领域获得重大突破。他是我国人工智能研究领域的开拓者与先驱。

1.2　探源人工智能

1.2.1　人工智能的发展

1956 年达特茅斯会议确定了人工智能的名称。追溯人工智能发展的时间脉络，人工智能的发展并不总是一帆风顺的，而是经历了几番潮起潮落。

1. 人工智能的第一次浪潮（20 世纪 50—80 年代）

达特茅斯会议之后，人工智能得到了快速的发展，在这一阶段，感知机的出现使机器在实现逻辑推理中得到突破。

Shakey 移动机器人（图 1-6）通过解决感知、运动规划与控制问题，能够寻找目标并把它移动到指定的方位，实现简单的自主导航。Shakey 移动机器人印证了很多属于人工智能范畴的科学结论。

Eliza 是能与人对话的人工智能程序（图 1-7），它并非依靠声音，而是利用文本与人进行对话，基于对话规则与模式匹配，根据人类语句中的关键词，给予相应的回答。

随着任务的难度与复杂程度不断地增大，机器无法应对，人工智能发展一度遇到瓶颈。

2. 人工智能的第二次浪潮（20 世纪 80—90 年代末期）

专家系统的出现推动了人工智能的第二次高潮。专家系统就是专注于某一些特定领域的系统，从专门知识中推演出规则，模拟专家解决问题的流程，利用知识得到满意的解答。例如医疗上为特定患者进行诊断，看其是否患有

图 1-6　Shakey 移动机器人

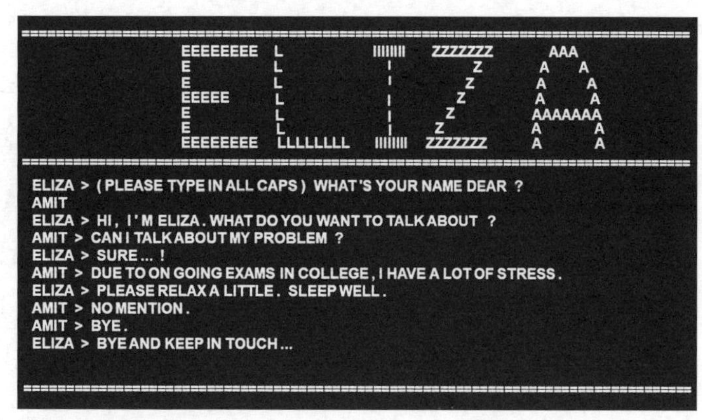

图 1-7　Eliza

Doctor 1.0
IF 畏寒吗=是 AND
发热，体温高达39-40℃=是 AND
头痛、全身酸痛、软弱无力=是 AND
喉咙疼、打喷嚏、鼻塞=是 AND
血压下降，谵妄=否
THEN 病因=典型流感

图 1-8 专家系统

特定的疾病（图 1-8）。专家系统往往不是通用的，而是为解决某个问题，或者为实现某个具体目标而进行开发的。

专家系统在知识获取、推理能力方面存在缺陷，无法进行复杂的思考，应用场景非常有限，成本又很高，于是人工智能又一次步入低潮期。

知识拓展

人工智能三大学派的“华山论剑”

人工智能发展至今已有 60 多年，出现了三大学派。

符号主义：主要成果为符号推理。使用符号表达的方式来描述人类的认知过程，人工智能发展早期运用广泛。

连接主义：主要成果为神经元网络与深度学习。该学派认为人工智能源于仿生，例如神经元网络就是模仿人大脑中的神经元进行信息处理。

行为主义：主要成果为强化学习。该学派推崇控制、自适应于进化计算，基于环境进行感知从而付诸行动。

知识拓展

人工智能“三盘棋”

人工智能的三个“三”，除了三次浪潮、三大学派，还有非常有名的“三盘棋”。人工智能发展中有三次人机大战，涉及跳棋、象棋和围棋，称为人工智能“三盘棋”。

1962 年，阿瑟·萨缪尔（Arthur Samuel）战胜人类跳棋冠军。

1997 年，深蓝（Deep Blue）战胜人类象棋冠军。

2017 年，阿尔法围棋（AlphaGo）战胜人类围棋冠军。

3. 人工智能的第三次浪潮（21 世纪初至今）

在大数据、算法、算力的保驾护航下，机器学习技术得到发展，人工智能迎来第三次热潮。机器学习使得人工智能在很多应用领域取得突破性发展。

我国也将发展人工智能上升到国家战略高度。2017 年 3 月 5 日，国务院总理李克强在《政府工作报告》中提出要加快培育壮大包括人工智能在内的新兴产业，全面实施战略性新兴产业发展规划，这是“人工智能”首次被列入《政府工作报告》。2017 年 7 月，国务院印发《新一代人工智能发展规划》，明确指出应逐步开展全民智能教育项目，在中小学阶段设置人工智能相关课程，逐步推广编程教育。

2017 年 11 月 15 日，科技部在北京召开新一代人工智能发展规划暨重大科技项目启动会，同时公布了首批国家新一代人工智能开放创新平台名单，标志着全面启动与实施新一代人工智能发展规划和重大科技项目。

《新一代人工智能发展规划》提出我国发展新一代人工智能分“三步走”。

第一步，到 2020 年人工智能总体技术和应用与世界先进水平同步，人工智能产业成为新的重要经济增长点，人工智能技术应用成为改善民生的新途径，有力支撑进入创新型国家行列和实现全面建成小康社会的奋斗目标。

第二步，到 2025 年人工智能基础理论实现重大突破，部分技术与应用达到世界领先水平，人工智能成为带动我国产业升级和经济转型的主要动力，智能社会建设取得积极进展。

第三步，到 2030 年人工智能理论、技术与应用总体达到世界领先水平，成为世界主要人工智能创新中心，智能经济、智能社会取得明显成效，为跻身创新型国家前列和经济强国奠定重要基础。

1.2.2　人工智能的三要素

当今人工智能的发展离不开数据、算法、算力，因此数据、算法、算力被称为人工智能的三要素。

1. 数据

在我们的生活中充满着各种各样的数据，坐地铁会留下进出站的信息，去图书馆借书会留下借书的信息，在学校学习会留下电子成长档案（包括我们的身高、体重、课程表等信息），以上信息都是数据。

（1）基于数据的智能推送

如果你最近在网上通过搜索引擎检索“人工智能”，并通过检索结果选取感兴趣的网页进行浏览，会发现最近互联网推送给你的都是人工智能相关的信息，新闻软件也会推送关于人工智能的新闻。甚至当你打开网上书店想要买书时（图 1-9），

图 1-9　智能推送

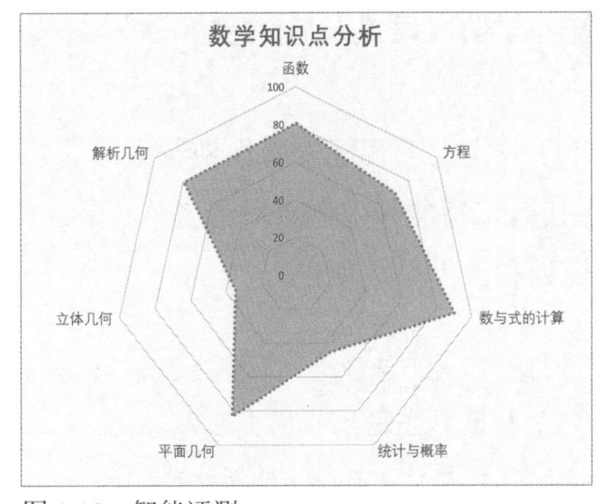

图 1-10　智能评测

还没有搜索人工智能的关键词，网上书店就能猜到你想要购买人工智能的书。网上书店能做到在你“没开口”之前先个性化精准推送，这背后就是基于数据。

（2）基于数据的智能评测

最近小能同学的数学考试成绩提高得很快，同学们纷纷来向他讨教经验。原来他使用了一种在线学习评测类系统。以数学为例，系统会记录完成每一道题所花费的时间、做错的题目等数据，然后就会呈现一个关于数学学习情况的雷达图（图 1-10），分析在他的哪些方面比较薄弱。

根据数据，在线学习评测系统会有针对性地对小能同学的薄弱环节进行反复练习，对于已经掌握的知识不会进行重复性的复习。题目做少了，做精了，小能同学不仅成绩提高了，还有更多的时间做自己想做的事情。

（3）基于数据的智能导航

通过导航检索线路，我们往往可以看到导航会给出许多条线路，并且智能推荐其中一种。这种智能推荐往往是根据路上公交的实时数据进行分析的结果。推荐线路可以供我们进行选择，有时间短、少换乘、少步行、地铁优先、不坐地铁这样的选项，来满足每个人的个性化要求。

体验感知

打开手机中的导航 App，以“驾车”和“公交”的方式搜索从“上海市青少年活动中心”到“上海图书馆”的线路（图 1-11）。

图 1-11　智能导航

如果选择不坐地铁，导航能告诉我们要乘坐的公交车，以及这趟车还有多久就会驶到距离我们最近的车站。开车的人就更喜欢用导航了，可以实时了解地面交通情况，提前避开拥堵路段。

基于数据的应用还不止这些。在许多方面都可以基于数据做出判断。

目前数据呈爆发式增长，因此这个时代也被称为大数据时代。

在互联网上，曾出现过这样一个关于大数据的“故事”。

某馄饨店的电话铃响了，客服人员拿起电话。

客服　××馄饨店。您好，请问有什么需要我为您服务？

顾客　你好，我想要……

客服　先生，烦请先把您的会员卡号告诉我。

顾客　1982×××。

客服　陈先生，您好！您住在××路××号××楼××室，您家电话是6353××××，您的手机号码是1390123××××，有什么需要我帮您的？

顾客　你为什么知道我这么多信息？

客服　陈先生，因为我们联机到×××系统。

顾客　我想要三碗鲜肉大馄饨……

客服　陈先生，鲜肉大馄饨不适合您。

顾客　为什么？

客服　根据您的医疗记录，您的血压和胆固醇都偏高。

顾客　那你们有什么可以推荐的？

客服　您可以试试我们的低脂健康素馄饨。

顾客　你怎么知道我会喜欢吃这种的？

客服　您上星期一在图书馆借了一本《低脂健康食谱》。

顾客　好。那我要三碗素馄饨，一共要付多少钱？

客服　一共33元。但您母亲应该少吃，她上个月刚刚做了心脏搭桥手术，还处在恢复期。

顾客　可以刷卡吗？

客服　陈先生，对不起。请您付现款，因为您的信用卡已经刷爆了，您现在还欠银行2 986元，而且还不包括房贷。

顾客　那我先去附近的提款机提款。

客服　陈先生，根据您的记录，您已经超过今日提款限额。

顾客　算了，你们直接把馄饨送我家吧，家里有现金。你们多久能送到？

客服　大约30分钟。如果您不想等，可以自己开车来。

顾客　为什么？

客服　根据我们×××系统的车辆行驶自动跟踪记录。您登记有一辆车牌号为“沪A×××××”的小汽车，而目前您正在××路驾驶着这辆小汽车。友情提示，开车期间请勿手持电话，建议您使用蓝牙耳机或车载电话系统。

顾客目瞪口呆……

知识拓展

大数据

大数据是一种规模大到在获取、存储、管理、分析方面大大超出传统数据库软件工具能力范围的数据集合。大数据具有四大特征：海量的数据规模、快速的数据流转、多样的数据类型、低价值密度。

思考探索

说说你身边有哪些基于数据能为你提供个性化服务的案例。

2. 算法

算法是解决问题、实现目的的方法。可以理解为，为了解决某个问题，先思考怎么做，用什么方法，再采取行动，进而解决问题。

邓小平爷爷说过一句话："不管黑猫白猫，能捉老鼠的就是好猫。"解决同一个问题，当然可以用不同的算法。

学校里老师布置了语文、数学、英语、科学的作业。

小A按自己的喜好程度，选择先做语文，再做数学，接着做科学，最后做英语。

小B决定按自己作业完成的难易程度，选择先做科学，再做语文，接着做英语，最后做数学。

小C大概估计了一下自己做完每门作业的时长，决定按完成作业的时长，从短到长来完成作业，他选择先做科学，再做英语，接着做数学，最后做语文。

小D没想这么多，从书包里摸到哪本作业就先做哪本，于是他先做数学，再做英语，接着做语文，最后做科学。

虽然他们完成作业的顺序不同，但是他们四个人都做完了老师布置的作业（图1-12）。

图1-12 学生以不同顺序完成四门学科作业

思考探索

解决同一个问题，可以有许多不同的算法，那么选择哪一个呢？

图 1-13　随机选择优化问题

知识拓展

玉米田的故事

一片玉米地，需要从里面摘选一个最大的玉米（图 1-13）。但只能摘一次，而且不能回头。

小 A 的做法：走进玉米地，发现很多很大的玉米，小 A 很快摘下了看到的第一个比较大的玉米，然后继续往前走，然而越走越失望，小 A 沮丧地发现前面还有很多比手里的玉米大得多的玉米。

小 B 的做法：走进玉米地，同样也发现了很多很大的玉米，但是这一次小 B 吸取小 A 的教训 —— 前面一定有更大的。于是小 B 一直向前走，直到自己差不多走出了玉米地才发现没有之前这么大的玉米了，按照规则不能回头，只能拿了附近可以拿到的一个最大的玉米。

小 A 的算法，因为观察得不全面，因此发生了“后悔”的情况；小 B 的算法，虽然观察全面到位，但是却“错过”了。那么如果是你，你会怎么做呢？

数学家欧拉给出一个重要的数字：37%。

对于在玉米地选择最大的玉米这样的问题，科学家给出了这样的算法：

把这片玉米地分两个阶段，前 37% 为第一阶段。在这个阶段，你只看不选，就是认真观察比较这个阶段最大的玉米，记住那个玉米的大小。等过了 37%，进入第二阶段。从这个阶段开始，一旦遇到一个比第一阶段那个最大的玉米还要大的玉米，或者类似的玉米，就毫不犹豫地选择它。

“分两个阶段”这个策略和“37%”这个数字，是数学家欧拉好不容易算出来的，这实际上是一个随机选择优化问题。这个办法就叫“37% 规则”。

这个算法也许并不能保证你能选到最大的玉米。在这片玉米地里，玉米的大小是随机出现的。在这种随机出现的情况下，它是一个能够选到足够大玉米的最优算法。它能降低“后悔”与“错过”发生的概率。

虽然解决一个问题的算法有好多种，但是一般会选择最好的那种，即为最优算法。

一般来说，算法具备以下的特点：

有穷性（Finiteness）：算法必须能在执行有限个步骤之后终止。

确定性（Definiteness）：算法的每一个步骤必须有确切的含义。

可行性（Effectiveness）：算法中每一个步骤都是要能够实际做到的，而且是在有限的时间内完成。

一个算法有零个或多个输入，以表示运算对象的初始情况。所谓零个输入是指算法本身定出了初始条件。

一个算法有一个或多个输出，以反映对输入数据加工后的结果。没有输出的算法是毫无意义的。

我们说的机器学习、人脸识别等其实都是基于算法实现的。新的算法不断被提出，让人工智能拥有更多可能性。

3. 算力

算力通常表示计算机的计算能力。算力的提升可以认为是个系统工程，不仅涉及诸如芯片、内存、硬盘等所有硬件组件，而且要根据数据类型的应用所处的实际环境对计算架构、对资源的管理和分配进行优化。

想象一下你是否有这样的经历，当计算机在处理某个复杂任务（比如视频编辑）时，突然死机了，卡住了，就可以认为是计算机的算力还不够。当然，并不是所有死机都是因为算力不足。

第一台现代电子计算机“埃尼阿克”（ENIAC）每秒可进行 5 000 次加法运算。现如今超级计算机的诞生大大提高了算力。

目前，超级计算机以每秒钟浮点运算速度（Flops）为主要衡量单位。值得一提的是中国超级计算机“神威·太湖之光”（表 1-1），峰值性能为

表 1-1　2020 年 6 月全球超级计算机 Top500 榜单排名前五

排　名	超级计算机	国　家	持续性能（PFlops）	峰值性能（PFlops）
1	Fugaku（富岳）	日本	415.530	513.855
2	Summit	美国	148.600	200.795
3	Sierra	美国	94.640	125.712
4	神威·太湖之光	中国	93.015	125.436
5	TH-2 天河二号	中国	61.445	100.679

125.436 PFlops，排名世界第四；持续性能为 93.015 PFlops，排名世界第一；性能功耗比为 6 051 MFlops/W，排名世界第一。

人工智能硬件算力的核心是计算机芯片，其中人工智能芯片的主要类型如下。

GPU（图形处理器）：进行图形、图像相关运算工作的微处理器。

FPGA（现场可编程门阵列）：专用集成电路领域中的一种半定制电路，可编程、可升级、可迭代。

ASIC（专用集成电路）：应特定用户要求和特定电子系统的需要而设计、制造的集成电路，比如专用的音频、视频处理器。

类脑芯片：人工智能芯片中的一种架构。它是模拟人脑进行设计的，相比传统芯片，在功耗和学习能力上具有更大优势。

2017 年，中国科学院计算技术研究所发布了全球首个可以进行“深度学习”的“神经网络”处理器芯片——“寒武纪”（图 1-14）。

2019 年，清华大学类脑计算研究中心开发出了全球首款异构融合类脑计算芯片——“天机芯”。这一成果登上顶级学术期刊《自然》（*Nature*）的封面（图 1-15）。

2020 年，中国科学技术大学与中国科学院上海微系统所、国家并行计算机工程技术研究中心合作，成功构建 76 个光子的量子计算原型机“九章”。“九章”求解 5 000 万个样本的高斯玻色取样只需 200 秒，比当年最快的超级计算机快了约 100 亿倍。这一突破使我国成为全球第二个实现“量子优越性”的国家。

数据、算法、算力是人工智能中必不可少的驱动力，随着三大关键技术的不断更新升级，人工智能未来可期。

图 1-14　寒武纪芯片

图 1-15　“天机芯”登上《自然》封面

1.3 走进人工智能

在许多电影中，机器人都具备人工智能，但是我们需要知道，机器人仅仅是人工智能的一种载体，并不是说人工智能就等于机器人。

人工智能包含许多技术，机器能像人一样会“看”是使用了计算机视觉技术；会“听”是使用了智能语音技术中的语音识别；会“说”是使用了智能语音技术中的语音合成；会“学习”是使用了机器学习技术。

不仅如此，人工智能还包含自然语言技术、知识图谱、虚拟现实（VR）/增强现实（AR）、人机博弈等。

1.3.1 计算机视觉

明星演唱会有时还附加了“抓捕逃犯”的功能！仅通过华语乐坛一位明星在2018年的巡回演唱会，前前后后共抓捕了55名在逃犯人。这些抓捕行动得以圆满完成，背后有一个大“功臣”——天网工程。天网工程的核心技术之一就是计算机视觉的图像处理与识别技术。通过设置在现场的高清摄像头，清晰地捕捉到演唱会现场观众的面部特征，并且迅速和公安系统信息库中存储的信息进行对比。一经发现疑犯，立即采取行动抓捕，真正做到了“天网恢恢，疏而不漏”。

计算机视觉技术除了可以帮助抓捕逃犯，在日常生活中也给我们带来了很多便利。例如，手机上的人脸识别功能我们经常用来解锁手机、完成支付等；人脸识别考勤系统在很多公司也得到了应用（图1-16）。

图1-16 人脸识别考勤系统

计算机视觉技术在医疗领域也有广泛的应用。与医学影像结合，发展成为“智能医学影像”。原本一个放射科医生每天接诊近百名患者，那么他一天要分析的影像就达到近千张。“智能医学影像”能大大减少医生的压力，它的自动化分析速度比一般放射科医生要快 62% ~ 97%，每年可以节省大量人工费用。

计算机视觉还拓展出了三维视觉、图像风格化等功能。比如人工智能还能使图片更加艺术化，使平凡的图片具有莫奈的《睡莲》这种印象派风格，使普通图片变成艺术作品。

体验感知

打开 Prisma 照片编辑器。处理一张照片，将同一张照片使用不同的风格，这将给你怎样的视觉感受（图 1-17）？

图 1-17　上海图书馆照片效果对比图

知识拓展

“风格化”滤镜

“风格化”滤镜通过置换像素和查找并增加图像的对比度，在选区中生成绘画或印象派的效果。它是完全模拟真实艺术手法进行创作的。

1.3.2 智能语音

我们先来看一段对话，一名顾客正在电话预约美发服务。

店员　您好，有什么能帮您的吗？

顾客　你好，我想为客户预约一个女士美发。日期是5月3日。

店员　好的，请稍等。

顾客　嗯。

店员　请问您想预订哪个时间段呢？

顾客　中午12点吧。

店员　我们12点已经约满了，最近的时间是下午1点15分。

顾客　那10点到12点呢？

店员　这要看顾客想要什么服务了。她需要哪种服务呢？

顾客　只要女士理发就行。

店员　好的，10点就可以。

顾客　她的名字是丽莎。

店员　好的，那就和丽莎在5月3日上午10点见。

顾客　没错，很好，辛苦了。

店员　好的，祝您愉快，再见。

这组对话中有一个是机器人，你能猜出到底谁是机器人，是店员还是顾客呢？

其实这名“顾客”是一个“机器人”。你猜对了吗？这段对话来自2018年谷歌I/O大会现场演示视频，这个人工智能的名字叫做谷歌Duplex。这段对话听起来太神了，人类和人工智能的界限愈发模糊，人类店员和人工智能顾客的声音几乎没有差异——后者的语音语调非常精准，完全不机械化，它甚至会在回答问题之前加点语气词（“嗯”），就像真正的人类那样。

在人机语音对话中，智能语音技术是必不可少的。智能语音技术包含语音识别技术与语音合成技术，前者将语音转成文字，后者将文字转为语音。智能语音技术赋予机器能听会说的本领。在日常生活中，我们使用语音输入法进行文字输入，使用手机导航时听到语音播报，这些都离不开智能语音技术。

除了智能语音技术外，为了能让机器更好地理解人类的语言，说话更符合人类的说话方式，自然语言处理技术在其中起到了积极作用。自然语言处理技术与智能语音技术双剑合璧，使得人类与机器进行语音对话更为顺畅。

体验感知

打开语音助手，尝试着和它对话，并把你们的对话记录下来（图1-18）。

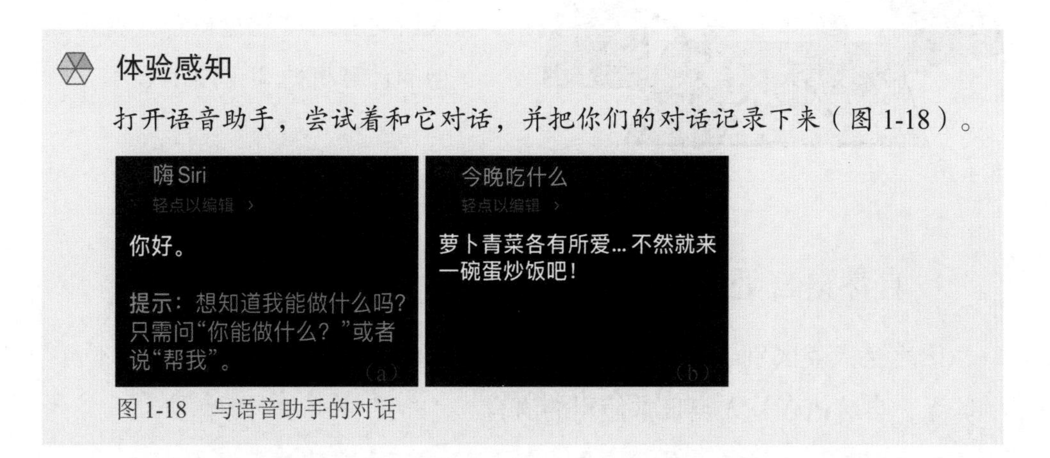

图1-18 与语音助手的对话

1.3.3 计算机博弈

计算机博弈是人工智能重要的研究方向之一。计算机能根据既有的规则和临场局势，选择最佳策略做出决策。

为了解决策，我们先来了解决策树。决策树的结构很像一棵树，有分叉的树干和树叶。枝杈的分叉处是关于某个特征的判断，枝杈是关于特征的判断结果，而树叶则是判断过后产生的结果。

图1-19就是一个简单的分类决策树，决策出新冠肺炎疫情期间是否可以到某图书馆进行预约。

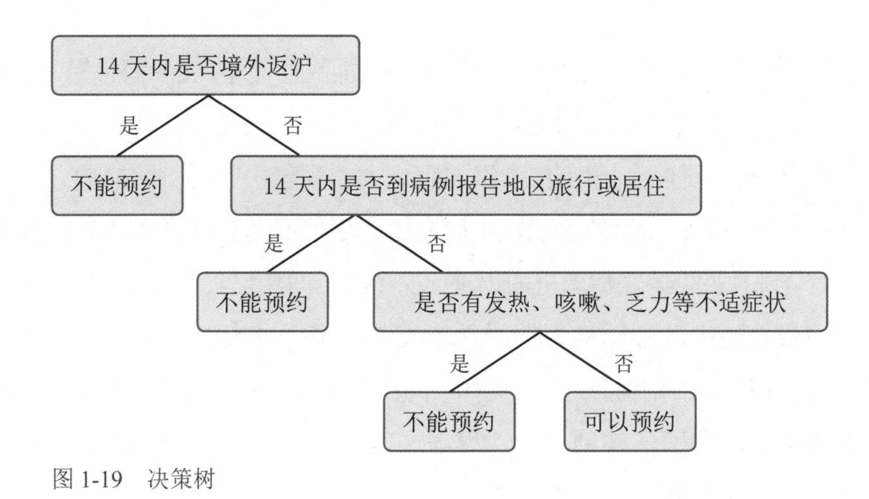

图1-19 决策树

图 1-20 人机对弈

我们发现通过对特定情况或事件的层层确认，可以最终做出判断，决定下一步方案。历史上人机对弈的“三盘棋”，就是典型的计算机博弈（图 1-20）。

1.3.4 自然语言处理

语言是人类区别于其他动物的特征，人的许多智能都和语言有密不可分的联系。自然语言是人类日常使用的语言。

我们先来看以下这些讯息：

某记者在四川九寨沟地震后 25 秒写出速报，信息完整，参数准确。
某体育记者 16 天撰写出 450 多篇体育新闻，与直播同步发布。
某财经编辑一天写出 1 900 篇稿件，震惊业界。

你能想到这个“某记者”“某编辑”压根就不是普通人吗？它们是机器人！这些机器人非常擅长写体育、财经、科技等领域稿件，既有速度又有质量，而且只要不断电，24 小时随时工作。以腾讯 Dreamwriter 写稿机器人为例，半年写稿 30 万篇，600 万字，2016 年奥运期间产出了 3 600 余篇体育新闻，绝对的“业界劳模”。

机器翻译属于自然语言处理其中的一种。世界上有那么多的种族，各种族大都有自己的语言体系。各国语言不通阻碍了大家的交流，是一个令人头疼的问题。作为一个普通人，想完成“世界那么大，我想去看看”的愿望，语言关必须要过。但是学好一门外语已经不容易了，更何况还有那么多语言，普通人根本无法全部掌握。随着翻译机的出现，现在这个问题已经得到很好的解决。

以我国强大先进的翻译机为例，它不仅覆盖了全球近 200 个国家和地区的语言，而且还能识别出加拿大、英国、澳大利亚、印度、新西兰五个国家的带口音的英语和我国的四种方言（粤语、四川话、东北话、河南话）。这个功能非常了不起并且非常实用。

思考探索

上网查询 Dreamwriter 撰写奥运新闻的相关讯息，思考它是如何做到的。

知识拓展

人工智能分类

弱人工智能：可以解决具体问题的人工智能。例如围棋机器人只会下围棋，即使让它完成幼儿园小朋友的拼图游戏，它都不会。目前大多数的人工智能为弱人工智能。

强人工智能：像人类一样独立思维、学习感知的智能。

超人工智能：在几乎所有领域都超过人类智慧的人工智能。

在人机共存的新纪元，人工智能、大数据、5G 等新兴技术全面融入各行各业，人工智能处在第四次科技革命的核心地位。人工智能在生活、学习和工作中的应用越来越广泛和深入，涉及的领域也不限于以上几个方面，在后续章节中我们将继续探讨。

体验感知

1. 打开手机微信，搜索小程序“百度 AI 体验中心”，选择一个或几个项目进行人工智能技术的体验，并记录体验感受（图 1-21）。

2. 打开手机微信，搜索小程序“讯飞 AI 体验栈”，体验“语音翻译”带来的便利（图 1-22）。

图 1-21　百度 AI 体验中心

图 1-22　讯飞语音翻译

图 1-23 会“创作”的人工智能

3. 会“创作”的人工智能（图 1-23）：打开搜索引擎，搜索关键字“九歌——计算机诗词创作系统”。“九歌”是由清华大学自然语言处理与社会人文计算实验室开发而成。

尝试用输入关键字做一首诗。你觉得下面这首用人工智能写作的七言绝句，是不是和杜甫的《绝句》一样，与这幅画（图1-24）挺配的呢？你也来试一试吧！

绝句

2020 · 九歌

黄鹂声里柳丝牵，
一片晴波漾碧船。
最爱水边窗月上，
满湖秋色在前川。

绝句

唐 · 杜甫

两个黄鹂鸣翠柳，
一行白鹭上青天。
窗含西岭千秋雪，
门泊东吴万里船。

图 1-24 《绝句》诗配画

第 2 章 会学习的人工智能

导 言

学习是人类获取知识的重要途径，机器学习意味着人工智能可以像人一样进行学习，是人工智能发展中激动人心的技术。本章介绍机器学习的基本知识、机器学习的类型、机器学习的发展以及深度学习。

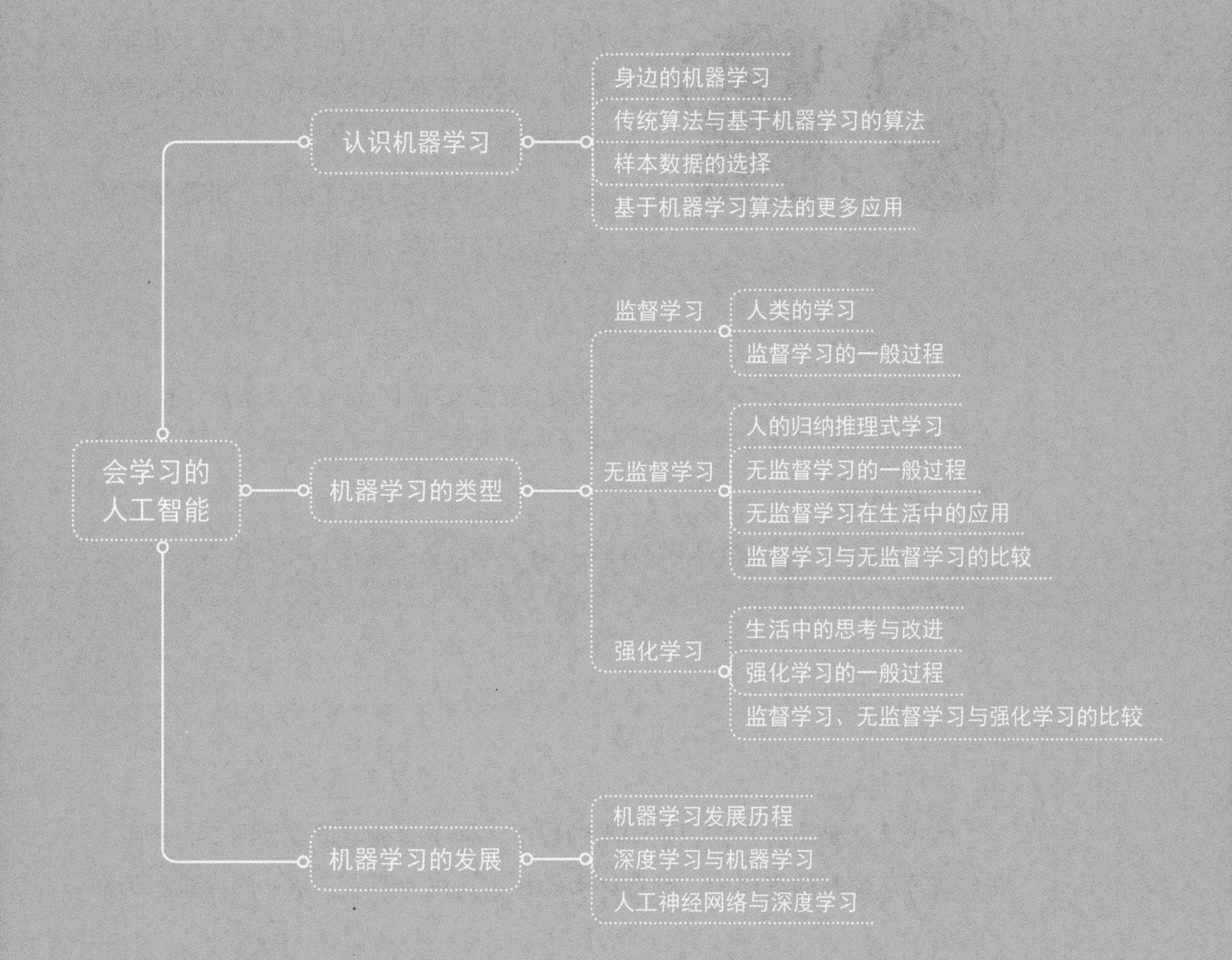

2.1 认识机器学习

2.1.1 身边的机器学习

2016 年一场人机围棋大战，阿尔法围棋（AlphaGo）以 4:1 的总分战胜了围棋世界冠军李世石。一石激起千层浪，人们都在问阿尔法围棋是什么？它是怎么做到的？很快大家得到了答案，阿尔法围棋的核心技术是机器学习（图 2-1）。

机器学习的思想其实并不复杂，它是模拟人类生活中的学习过程。机器学习依赖于数据，数据是承载着信息的各种符号组合。数据不仅是狭义上的数字，还可以是文字、符号、图片、视频、音频等。

数据随时随地都在产生，比如在社交平台上发布的各类信息，在购物平台上购买物品的记录和发布的评论等都是数据。这些数据产生后会被采集、处理和加工，从而转换成可供计算、分析和使用的新数据。

图 2-1 什么是机器学习

“巧妇难为无米之炊”，机器学习需要大量的数据作为基础。

体验感知

“猜画小歌”小程序是一款你画人工智能来猜的小游戏，试试看你和你的人工智能队友可以在时间结束前完成多少道题目。

思考探索

对同一个事物，每个人都画得不一样，那么在“猜画小歌”中“队友”是怎么猜到呢？

2.1.2 传统算法与基于机器学习的算法

1. 传统算法

传统算法是编写具体识别规则的程序，程序的判定过程如图 2-2 所示。在传统算法编写的程序中，预存许多图片数据作为图库，这些图库也称为样

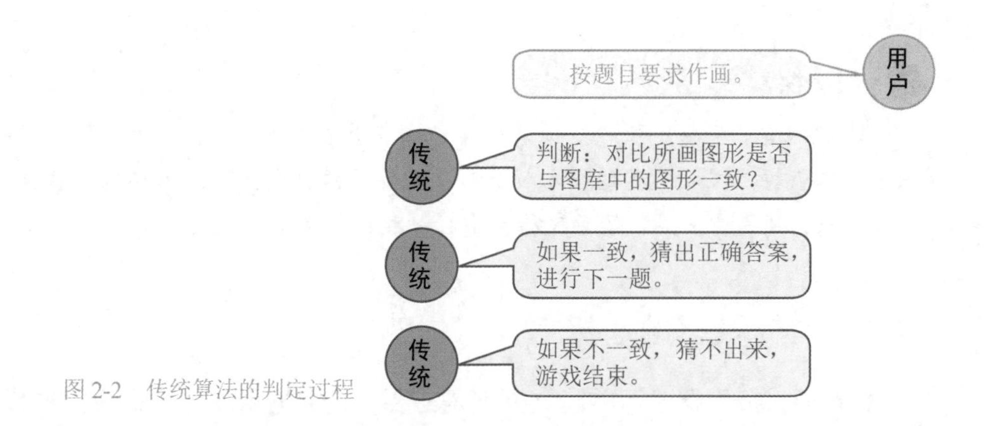

图 2-2　传统算法的判定过程

本数据。从图 2-2 中可以看出，传统算法需要对比玩家所画图形是否与图库中的图形一致，若图形不在图库中就会导致猜不出来，因为程序在执行过程中是完全遵守所编写指令运行的。事实上每个人画画的水平不同，画风不同，要画得与图库一致是非常困难的。

2. 基于机器学习的算法

“猜画小歌”使用的是基于机器学习的算法。在这个过程中，它并不编写具体的规则，而是让机器从“猜画小歌”图库数据里自动学习其中的规律。这个过程可以理解为机器自动从样本数据中提取特征。再将具有相同特征的图形进行归类，然后对每一类（比如狗）建立模型，之后判定用户画的图更接近哪一类模型（图 2-3）。比如，当我们画一只狗，“猜画小歌”通过比对特征点（这一过程在分类器中完成），最终将其分到“猜画小歌”的“狗”那一类，从而猜出所画的是一只狗。这一机器学习流程如图 2-3 所示。即使你是“灵魂”画手，只要能画出狗的特征，人工智能就能猜出来了。

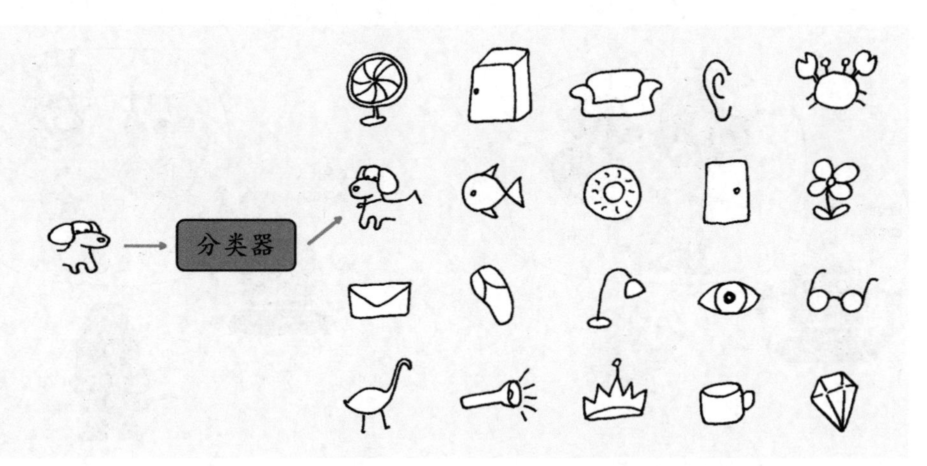

图 2-3　“猜画小歌”中基于机器学习的算法过程

思考探索

我们知道“猜画小歌”中预先存储了许多图片组成图库，作为机器学习的基础样本数据。在收集这些样本数据时，需要注意什么呢？比如样本数据数量要多一点，还是少一点？绘画风格要多样一些，还是单一一些？

2.1.3 样本数据的选择

想要通过分类器学习并建立模型是需要一定数据量的。采集的样本数据量过少，达不到学习所需要的数据量，或者采集的样本数据量虽然很多，但是样本数据种类过于单一，都会导致分类器出现误差，因此我们在选择样本数据时应该避免这两种情况。

1. 样本数据过少

以“猜画小歌”为例，机器在进行学习的时候，如果样本数据太少，会发生什么？设想一下，比如“猜画小歌”想要分辨玩家所画的是不是狗，如果图库中的样本数据只存储了几张长耳朵、长尾巴的狗，由于样本数据太少，当玩家画了“博美犬” 这样短耳朵、短尾巴的狗时，“猜画小歌”就无法判断这是狗了。这就是机器在进行学习时，由于“样本数据过少”导致的问题（图 2-4）。

2. 样本数据过于单一

还是以“猜画小歌”为例。比如图库中的“狗” 的样本数据虽然很多，但都是“博美犬”这样的卡通形象，“猜画小歌”会把“博美犬”的所有特

图 2-4 “样本数据过少”现象

图 2-5 “样本数据过于单一”现象

征都记住。此时如果玩家画了一个“巴吉度猎犬”的卡通形象，那么“猜画小歌”有可能认为“巴吉度猎犬”和“博美犬”的区别太大，从而判定“巴吉度猎犬”不是一只狗。这是因为“猜画小歌”获得的样本数据不能概括为“狗”的全部特征，它只能分辨出一类狗——“博美犬”的特征。这就是机器在进行学习时，由于样本数据过于单一，不具备多样性而产生的问题（图 2-5）。

“样本数据过少”和“样本数据过于单一”都会造成机器的学习效果不理想，因此我们在收集样本数据时要尽可能多样化，多收集一些样本数据。

2.1.4　基于机器学习算法的更多应用

现如今，在许多领域都能找到基于机器学习技术的身影，可能你正在以某种方式使用它而不自知。一起来看看生活中基于机器学习算法的应用还有哪些。

1. 搜索引擎中的机器学习

使用搜索引擎时（图 2-6），它之所以能为我们找到想要的结果，原因之一就是使用了基于机器学习的算法，学会了将符合搜索条件的网页进行归类并排序。

2. 垃圾邮件过滤器中的机器学习

使用电子邮件系统时，垃圾邮件过滤器能帮助我们过滤大量的垃圾邮件，也是因为运用了基于机器学习的算法（图 2-7）。为了确定垃圾邮件，过滤器是不断更新的，它们使用了机器学习算法，让机器不断提取垃圾邮件的特征，帮助用户分类这些垃圾邮件，让我们不受垃圾邮件的干扰。

图 2-6　搜索引擎中的机器学习

图 2-7　垃圾邮件过滤中的机器学习

3. 人物分类中的机器学习

使用手机照片中人物分类功能时，它能识别照片中的人物，并能找到有这个人的所有照片，这也是使用了基于机器学习的算法（图 2-8）。

除了上面分享的应用场景外，生活中还有很多用到机器学习的地方。基于机器学习的算法也在人工智能许多技术中得到应用，比如语音识别、人脸识别等。机器学习可以说已经融入人们生活中的方方面面。

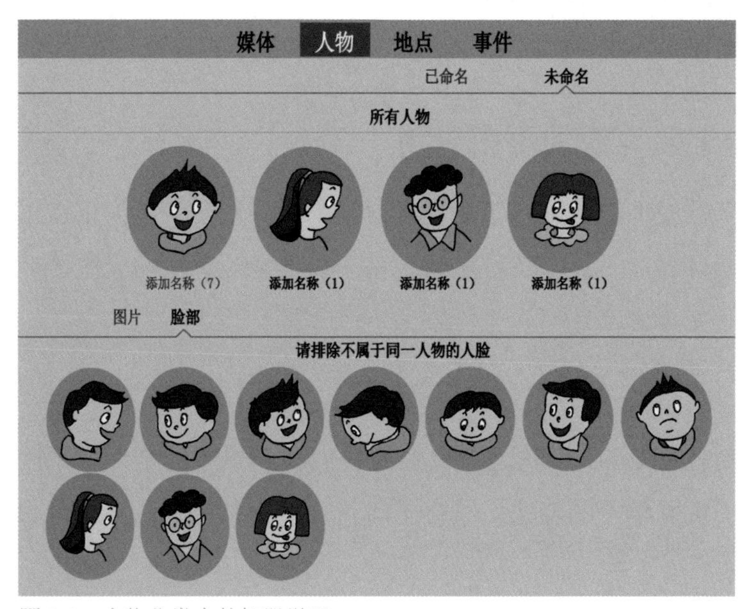

图 2-8 人物分类中的机器学习

体验感知

打开“识花君”小程序，利用“识花君”识别图 2-9 中的植物。

这个植物的名字是__________。

利用“识花君”识别更多的植物吧，还可以了解更多关于植物的小知识。

图 2-9 识别植物

2.2　监督学习

生活中，我们通过很多方式来学习。在我们很小的时候，爸爸妈妈会拿着苹果告诉我们像这样红色的、球形的、表面光滑的就是苹果。后来当我们看到青苹果时，爸爸妈妈会告诉我们其实苹果不都是红色的，也有青色的。渐渐地我们在脑子里就有了苹果的模型，后来我们就能分辨出苹果了。等我们长大了，会自己看书了，也能从书中自学，找到事物之间的联系，有时我们也会通过不断“试错”来学习。

机器学习也有自己的学习方式，如“监督学习”“无监督学习”“强化学习”等。

2.2.1　人类的学习

也许我们已经忘记了小时候父母是怎么教会我们认识苹果的，那就跟着小能同学重温一下这个学习过程吧（图 2-10）。

1. 看（美西钝口螈的图片）

为了帮助我们准确地认识美西钝口螈，小能同学采集了不同角度、不同形态、不同颜色的美西钝口螈图片，并告诉我们这些都是美西钝口螈。通过用眼睛看、观察的方式，以此来增加我们大脑对美西钝口螈的认知（图 2-11）。

图 2-10　人类的学习重温

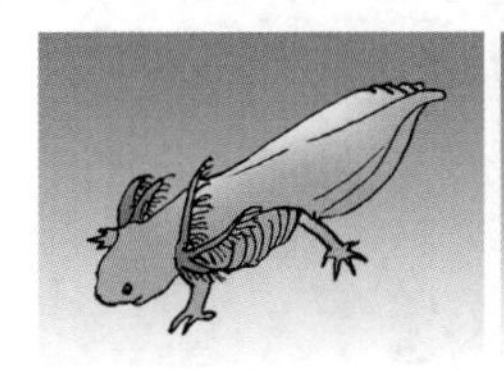

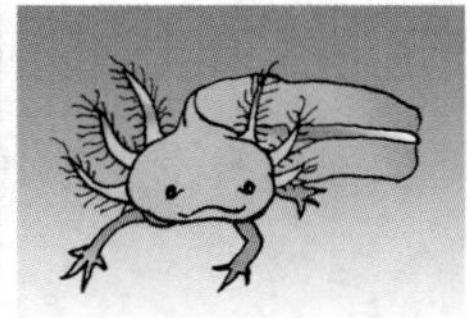
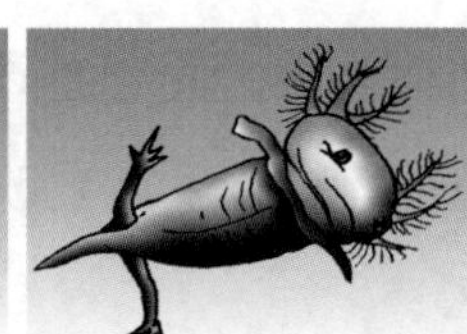

图 2-11　看（美西钝口螈的图片）

2. 记忆（美西钝口螈）

想要记住美西钝口螈，我们需要找到美西钝口螈的特点。

通过观察，可以发现美西钝口螈有如下特点：

有六个像角一样的腮；

脸宽大；

有四条腿并且腿比较短、比较细；

有着鱼一样的尾巴；

颜色有白色的、黄色的、黑色的；……

3. 在大脑中形成模型

记住了这些特点后，我们在脑中会形成关于美西钝口螈的模型（即对美西钝口螈的初步印象）。以后看到美西钝口螈，我们就会与大脑中的模型（图2-12）进行对比，然后认出美西钝口螈。

外 形		颜 色
腮	有六个像角一样的腮	颜色有白色的、黄色的、黑色的
脸	脸宽大	
腿	有四条腿并且腿比较短、比较细	
尾	有着鱼一样的尾巴	

图 2-12　脑中形成的“美西钝口螈”模型

4. 验证模型

是否真的学会识别美西钝口螈，需要进行实践的验证，就像我们在学校里学习知识后，还会进行一些练习与测验，用于考核我们对知识的掌握程度。

测试的目的在于验证我们对美西钝口螈的认知是否全面、可靠。换言之，就是我们大脑中的模型是否足够支撑我们认出美西钝口螈。如果我们还不能认出美西钝口螈，就需要改进脑中关于美西钝口螈的模型。

思考探索

请问图 2-13 中哪个选项是美西钝口螈？（　）

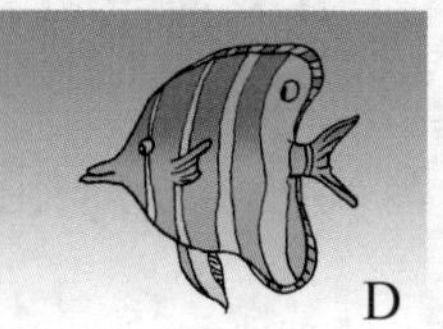

图 2-13　判断美西钝口螈

小能同学："美西钝口螈应该是 A。"

如果选对了，表示学会了。如果选错了，可以观察 A 选项中的图片，与脑中现有模型进行比较，然后重新归纳美西钝口螈的特点，在脑海里形成更完善的模型。

2.2.2　监督学习的一般过程

像人类这样，通过观察已经被告知内容的图片进行学习（我们已经通过小能同学知道这些都是美西钝口螈的图片）的方式，在机器学习领域，被称为"监督学习"。监督学习通常表示机器学习的数据是带有标记的，比如通过监督学习的方式认识美西钝口螈时，需要提供给机器标记为美西钝口螈的图片。在这种学习过程中，标记就是人给予机器的引导。

监督学习的优点是学习效率高。但是它也有明显的缺点：过于依赖人。当人的引导出现失误，比如当机器进行关于美西钝口螈的监督学习时，在人给的大量带有标记的样本数据中，夹杂一些不是美西钝口螈的图片数据，那么机器可能就不会准确提炼出美西钝口螈的特征了。由于这样的机器学习方式非常依赖人的知识面，所以在一定程度上限制了机器的学习范围。例如，如果人也不认识美西钝口螈，那么就无法给出带有标记的样本数据，机器在监督学习的方式下就无法进行美西钝口螈的学习，也就不会认识美西钝口螈。

体验感知

请使用图形化编程软件，加载人工智能相关模块，给计算机看几张美西钝口螈的图片，看看计算机是否能准确认出美西钝口螈。

机器学习的思想就是机器模拟人类生活中的过程，因此，监督学习的一般过程与我们刚刚提到的人类的学习过程非常相似。

让我们一起来看看，机器以监督学习的方式是如何学会识别美西钝口螈的。

在监督学习中，机器一定会给出判定结果，是美西钝口螈，或者不是美西钝口螈。因此建立分类时，需要建立两类，一类是美西钝口螈，另一类不是美西钝口螈。

1. 采集带有标记的样本数据

人类学习的第一步是“看”，因此在监督学习中，我们为机器输入一些“美西钝口螈”的图片，以及一些“不是美西钝口螈”的图片。

这里提到的“美西钝口螈”的图片与“不是美西钝口螈”的图片就是带有标记的样本数据，其中“美西钝口螈”与“不是美西钝口螈”就是给出的标记。同时这里的“美西钝口螈”和“不是美西钝口螈”也是这些图片最后输出的分类，可以把它们称为“分类标签”（图 2-14）。

“分类标签”是图片的分类依据。在监督学习中，“分类标签”是由人标记的，这也体现了人在监督学习中的监督与引导。

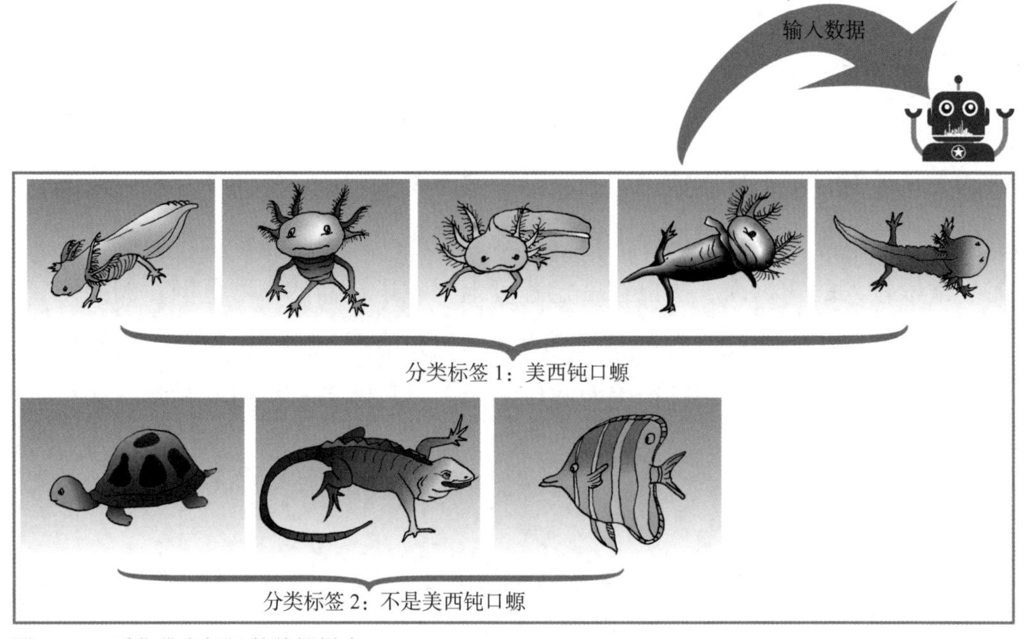

图 2-14　采集带有标记的数据样本

知识拓展

分类标签

分类标签也可以称为“标签”，它是监督学习的重要特点。分类标签其实也是分类的结果。简而言之，就是在我们进行监督学习前，需要事先将结果分为几类告诉机器（至少分为两类），并且确定每一类的名称。

注意，为了避免出现“样本数据过少”和“样本数据过于单一”现象，在收集样本数据时要尽可能多样化，多收集一些带有标记的样本数据。

2. 提取特征

人类通过大脑记住图片中美西钝口螈的特点，而机器则是通过特定的算法，在训练过程中会记住美西钝口螈的特征：有六个像角一样的腮；脸宽大；有四条腿并且腿比较短、比较细；有着鱼一样的尾巴；颜色有白色的、黄色的、黑色的。

机器会将这些特征转换成其看得懂的“特征”数据。“特征”体现了“美西钝口螈”区别于“不是美西钝口螈”的不同方面的属性或特质。“特征”是机器学习的依据，机器需要采用比较和归纳的方式进行提取。

3. 形成模型

机器在掌握了这些特征之后，形成美西钝口螈的数据模型。在监督学习中，从样本数据中提取的特征值直接体现在模型中，“模型”的优劣可以说是监督学习中的人工智能性能优劣的核心。

4. 验证模型

当我们给机器一些不同于采集的美西钝口螈和其他动物的图片（没有被学习过的图片）时，机器就会用根据训练形成的模型，去辨别哪些是美西钝口螈。

若机器能准确识别哪些是美西钝口螈，哪些不是美西钝口螈，那么认为模型是可靠的；如果机器不能准确识别，则需要加入新的样本数据，重新训练模型，即重新提取特征，形成另一个新模型。这个过程可以理解为完善和改进模型。

监督学习的一般过程如图 2-15 所示。

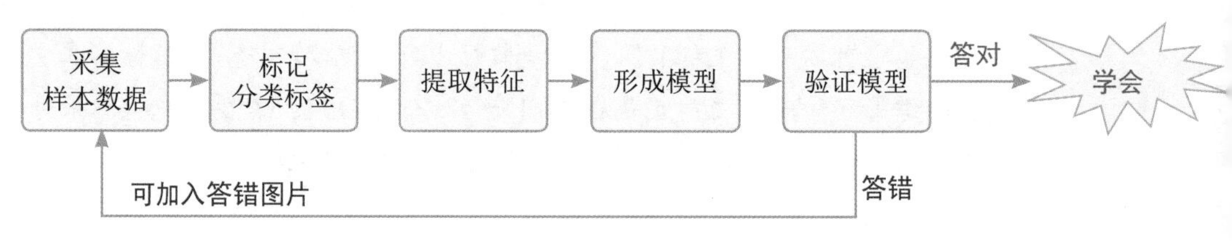

图 2-15 监督学习的一般过程

知识拓展

置信度

机器在监督学习时，会有一个名为“置信度”的参数，通常以“%”形式表示。这个“置信度”可以表示可靠程度。比如某次数学考试，某同学有 90% 的把握考到 85 ～ 90 分，那么“85 ～ 90 分”称为置信区间，“90%”表示的就是置信度。监督学习也是如此，如果模型输出 95% 为“美西钝口螈”，那么此时“美西钝口螈”就可以理解为置信区间，“95%”表示的就是置信度。在监督学习中，置信度越高，说明模型对输出的结果越肯定。

思考探索

置信度与哪些因素有关？如果想要提高置信度，可以怎么做？

一般来说，置信度与采集的样本数据有关。采集的样本图片数据质量越高，数量越多，置信度越高，模型对输出的结果越肯定。

动手实践

请使用图形化编程软件，加载人工智能相关模块，编写一个垃圾分类的程序，让计算机能识别出干垃圾、湿垃圾、可回收垃圾和有害垃圾。

2.3　无监督学习

除了在监督学习中说到的人类学习的方式，人还可以在无人监督的情况下，通过归纳推理的方式自主学习。

2.3.1　人的归纳推理式学习

比如我们看到番茄、山楂、草莓时，可以根据它们的颜色进行归纳：它们共同的颜色是“红色”。又比如我们看到足球、橙子、西瓜时，可以根据形状进行归纳：它们共同的形状是“球体”。这种学习方式就是归纳推理式学习（图 2-16）。人类自行发现相同点和不同点，根据这些特点分成不同的类别，并且给这些类别取名字，比如“红色”“球体”。

当人类探索未知事物时，往往使用归纳推理的学习方式，比如生物学家根据动物的特点对动物进行分类，确定不同物种。

俗话说“物以类聚”，像这样根据事物间的相似程度，将它们合并归纳成一个个类别的过程，称为“聚类”。

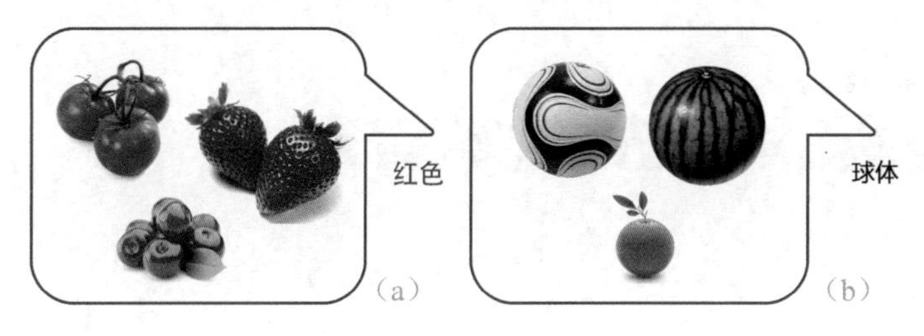

图 2-16　人的归纳推理式学习

2.3.2　无监督学习的一般过程

人类这样的归纳推理式学习，对应到机器学习领域，就是“无监督学习”。在这种学习过程中，没有人引导和监督，也就是输入没有标记的数据，它是一种机器自主学习的方式。正因为有了无监督学习，机器开始自己探索未知的世界。无监督学习常用的方法是“聚类”，机器自主地将数据分割为若干个小团体，这样的小团体也可以称为“集群”。需要注意，虽然聚类在无监督学习中发挥了积极的作用，但是并不意味着“无监督学习 = 聚类”。

让我们一起体验一下无监督学习的聚类过程。

本实验中准备了以下六句话作为学习数据（聚类数据）。

①今天去动物园看到老虎和熊猫。

②老虎和熊猫的观众最多。

③老虎是食肉动物。

④午饭吃蛋炒饭和罗宋汤。

⑤蛋炒饭里还有香肠呢。

⑥明天还想吃蛋炒饭和罗宋汤。

接下来进行聚类。首先把每一句话看作是一个独立的集群。这样最开始就有六个集群。

接下来，把最相似的集群合并归纳成一个新的集群。但是怎么判断六个集群中谁和谁“最相似”呢？

可以把语句中包含相同名词最多的定义为“最相似”。这里将“各句话中包含的相同名词数”看作“相似度”。

一起尝试制作一张表格，记录 ①—⑥ 句话中包含的相同名词，看看你的结果是不是和表 2-1 一样。

从表 2-1 中我们统计出各句话之间的相似度如表 2-2 所示。

表 2-1 标记各语句中的名词

句子	老虎	熊猫	蛋炒饭	罗宋汤	香肠
①	√	√			
②	√	√			
③	√				
④			√	√	
⑤			√		√
⑥			√	√	

表 2-2 各语句对应其他语句的相似度

句子	①	②	③	④	⑤	⑥
①		2	1	0	0	0
②	2		1	0	0	0
③	1	1		0	0	0
④	0	0	0		1	2
⑤	0	0	0	1		1
⑥	0	0	0	2	1	

思考探索

通过表 2-2 我们发现，______ 与 ______ 相似度为 2，______ 与 ______ 相似度也为 2。

我们发现句①与句②中都包含“老虎”和“熊猫”，即相似度为 2；还发现句④与句⑥中都包含“蛋炒饭”和“罗宋汤”，即相似度也为 2。

把集群句①与集群句②合并归纳成一个新集群，集群句④与集群句⑥合并归纳成另一个新集群。此时集群数为 4，如图 2-17 所示。

图 2-17 是统计“最相似”时获得的新集群图，我们发现此时相似度为 2。若将相似度为 1 的也计算在内，那么集群 1 与集群 3 又可以构建成一个新的集群，集群 2 与集群 4 也可以构建成一个新的集群，如图 2-18 所示。

若将相似度设置为 0，那么这六句话就是一个集群了。因此我们发现相似度的设置非常重要，若相似度设置得过低（比如设置为 0），那么这个无监督学习的聚类就变得没有意义了。

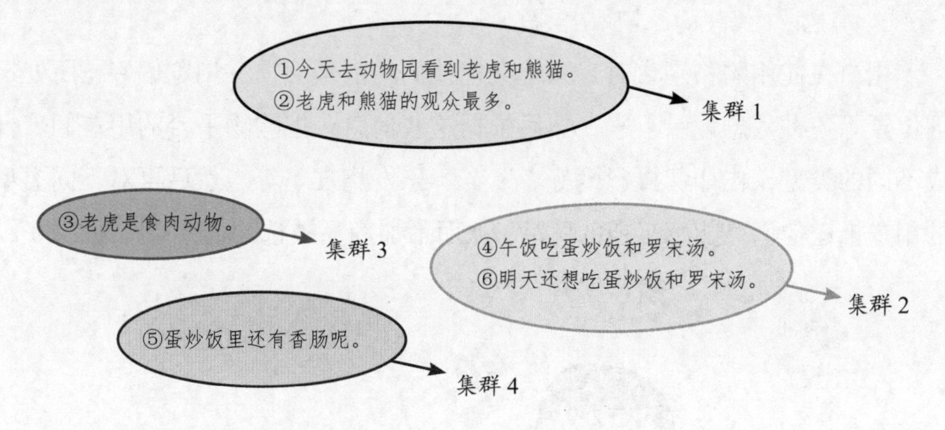

图 2-17　相似度为 2 时新获得的集群图

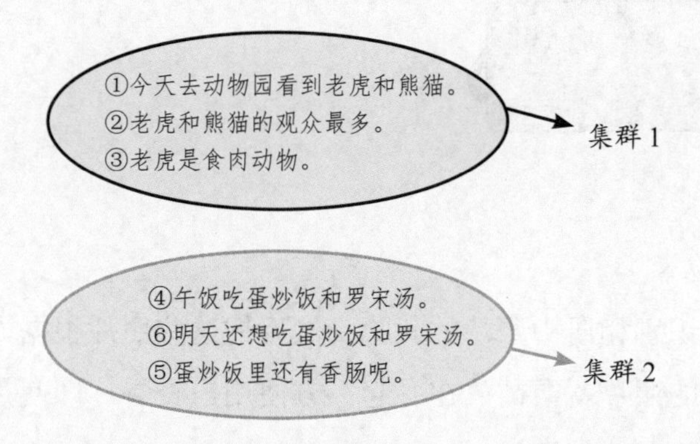

图 2-18　相似度为 1 时新获得的集群图

在无监督学习中，机器通过算法根据给出的相似度设置，就会把数据进行聚类，通过机器自主学习将相似的数据分到一个类别中（图 2-19）。

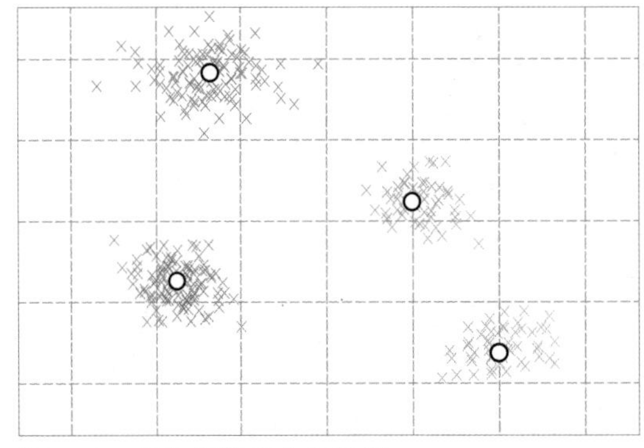

图 2-19 无监督学习中的聚类

2.3.3 无监督学习在生活中的应用

1. 购物平台的商品自动推荐

用户在使用购物平台时，系统会把他们的消费习惯、浏览偏好、所处地理位置等各种信息记录下来，然后根据这些信息，把购物平台的用户们聚合成不同的类型，比如“摄影爱好者”“音乐发烧友”等，然后再对不同类型的用户推送他们可能感兴趣的商品，从而增加商品被选购的几率（图 2-20）。

图 2-20 购物平台的商品自动推荐

2. 手机相册人物聚类

有些手机会自动识别相册中照片的人脸，然后把这些照片根据人脸进行自动聚类，同一个人的照片就会被放在一起，方便用户查看。即使是新增加的照片也可以按照人脸自动归类。

体验感知

请打开手机相册中的“人物”，看看同一类中是否都是同一人的照片？

2.3.4　监督学习与无监督学习的比较

对比一：有分类标签与无分类标签

监督学习是输入带有分类标签的数据。

无监督学习是输入没有分类标签的数据。

对比二：有确定输出结果与无确定输出结果

监督学习的输出结果就是预设的分类标签，因此该结果是确定的。

无监督学习的输出结果是事先未知的，在不同算法、不同相似度情况下输出的类别结果是不确定的。比如我们观察聚类后的结果，它可能按颜色进行聚类，也可能按形状进行聚类。

对比三：分类与聚类

分类是监督学习的一种方法。

聚类是无监督学习的一种方法。

分类与聚类的最大区别在于，分类知道样本数据的类别信息。在进行监督学习时，标记分类标签其实已经确定了分多少类。但是无监督学习中的聚类事先并不知道样本数据的类别信息。根据相似度设置的不同，可能分四类，也可能分两类。聚类的时候，并不关心某一类是什么，实现的只是将相似的东西聚在一起。在聚类结果出来前，并不知道每一类有什么特点，而是要根据聚类的结果，通过人们的经验来归纳分析，得出聚成的每一类可能有什么特点。

知识拓展

半监督学习

半监督学习介于监督学习与无监督学习之间，综合了监督学习和无监督学习的特点。在半监督学习中，数据是由少量的带有标记的样本数据和大量的没有标记的样本数据组成，并将进行学习与预测。一般而言，半监督学习通过在有监督的分类算法中加入无标记的样本数据来实现半监督分类，或者是在无标记的样本数据中加入有标记的样本数据，以此来增强无监督聚类的效果。

2.4 强化学习

在学校里，如果上课迟到会被老师批评，我们就会尽量避免“迟到”这件事。相反，如果主动帮助同学会得到老师的表扬，那么为了获得更多的表扬，我们会多做“助人”这件事情。

人类用思考与改进的方法提升自己对知识的掌握和认知，在人工智能机器学习中，我们将这个过程称为“强化学习”。

2.4.1 生活中的思考与改进

前面我们举了人类思考与改进的例子。其实人类不仅仅是用思考与改进的方法学习，将它还用于训练动物，比如训练能上岗的导盲犬（图 2-21）。

训练能上岗的导盲犬的目的：让导盲犬能带领扮演盲人的训练员通过各种障碍物。如果它能成功做到就会得到表扬并被抚摸，如果做不到就会受到批评。为了不受到批评并且获得更多的表扬与抚摸，慢慢地导盲犬就学会了带训练员通过各种障碍物（图 2-22）。

图 2-21 训练导盲犬

导盲犬是怎么做到的呢？首先它会观察周边的环境，包括障碍物的位置、障碍物的多少等，思考前进的路线，然后开始尝试行动。当它能够带领训练员安全通过障碍物时，会得到表扬，会被抚摸，这让它很开心。但是当它没能安全带领训练员安全通过障碍物时，会被训练员批评，这让它很失落。为了不被批评，并且获得更多的表扬和抚摸，它就会思考改进避让障碍物的路线，不断巩固成功的线路，改变失败的线路。随着训练次数的增加，不断地循环，导盲犬就能成功上岗，带领训练员通过各种障碍物。

训练导盲犬的模型如图 2-23 所示。

图 2-22　训练导盲犬的过程

思考探索

环境、决策、行动、奖惩这四个概念分别是什么意思？

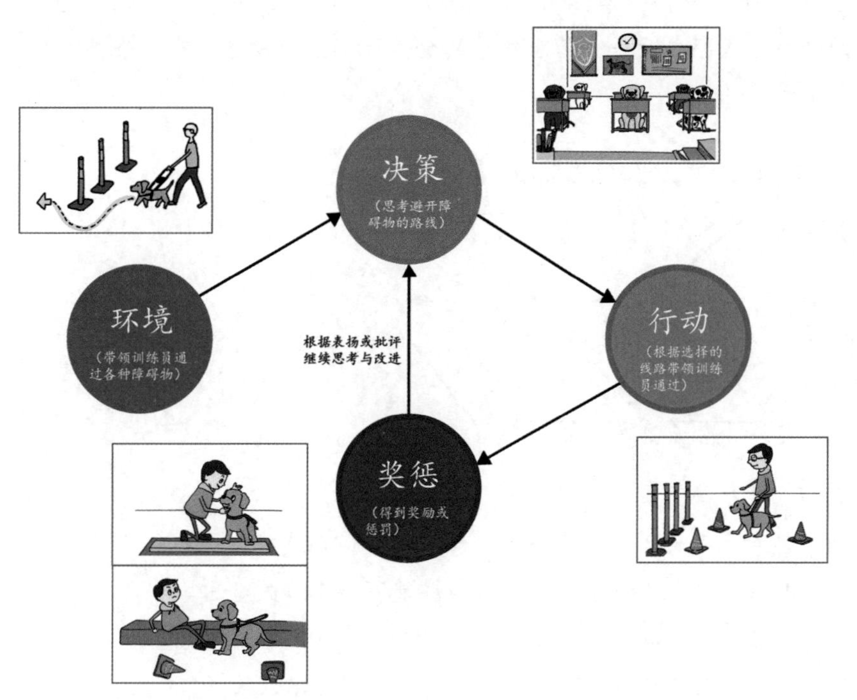

图 2-23　训练导盲犬的模型

在如图 2-23 所示的过程中，需要厘清四个概念。

（1）环境。导盲犬需要观察环境。障碍物的位置，障碍物的多少，被带领的训练员的体型，自己的体型等，这些都是需要导盲犬注意的环境。

（2）决策。导盲犬会根据观察到的环境去思考避开障碍物的路线。

（3）行动。根据思考决策的结果做出行动，具体表现为根据选择的路线带领训练员通过。

（4）奖惩。导盲犬在行动之后就会得到奖励或者惩罚。根据奖惩，导盲犬会继续思考调整选择的路线，形成一个循环，不断学习尝试。

这个过程中最重要的是决策，思考如何行动才能获得更多奖励。

2.4.2 强化学习的一般过程

强化学习可以看作机器思考与改进的过程。

强化学习其实就是一种不断试错的学习，在各种环境下需要尽量尝试所有可以选择的动作，通过环境给出的反馈（即奖惩）来判断动作的优劣，最终获得环境和最优动作的映射关系（即决策）。

体验感知

如图 2-24 所示，选择一条线路从起点到终点，经过每个节点线路能获得一定数量的金币（蓝字表示每个节点线路的金币数），那么选择哪一条线路获得金币的数量最多呢？

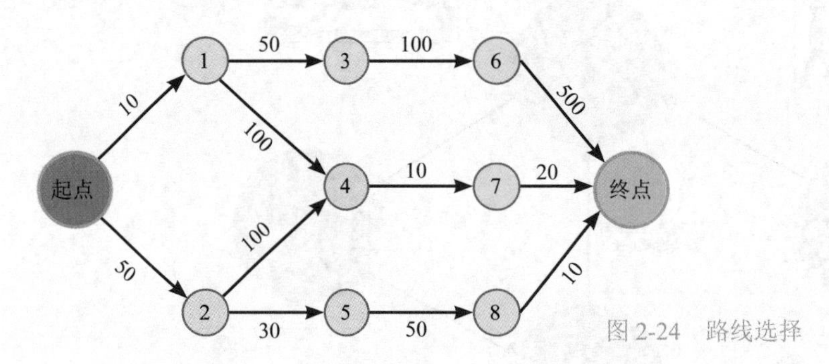

图 2-24 路线选择

从起点到终点一共有四条线路：

线路一 起点→1→3→6→终点，一共能获得 660 枚金币。

线路二 起点→1→4→7→终点，一共能获得 140 枚金币。

线路三 起点→2→4→7→终点，一共能获得 180 枚金币。

线路四 起点→2→5→8→终点，一共能获得 140 枚金币。

通过列举所有的线路，我们知道“线路一”能收获最多的金币，我们的决策方案就是“线路一”。

但是假设我们并不知道后面每个节点线路的金币数量，那么一开始面对的选择是走节点1还是节点2。我们会选择节点2，因为可以获得50枚金币。这样就错过了线路一。这里我们需要理解强化学习中的目标是奖励最大化，即获得累计收益最高。虽然一开始选择节点2是当前收益最高（50枚金币），但是从长远来看，并不是累计收益最高的（线路一可以获得660枚金币）。

在强化学习中，“好”的算法非常有“野心”，并不会被眼前的蝇头小利所诱惑。不能只看到眼前的利益，而是要学会长远考虑。

思考探索

在这个问题中，你能说出环境、决策、行动、奖惩分别是什么吗？

环境：从起点到终点中间有不同线路，每条线路的金币数不同。

决策：选择线路。

行动：根据决策选择的线路从起点走到终点。

奖惩：根据行动获得的金币数，计算本次线路是不是比之前的线路能获得更多的金币（因为目标是获得更多的金币）。思考还有没有不同的线路，形成一个循环，不断学习尝试。

可以归纳得出强化学习的一般过程，如图2-25所示。

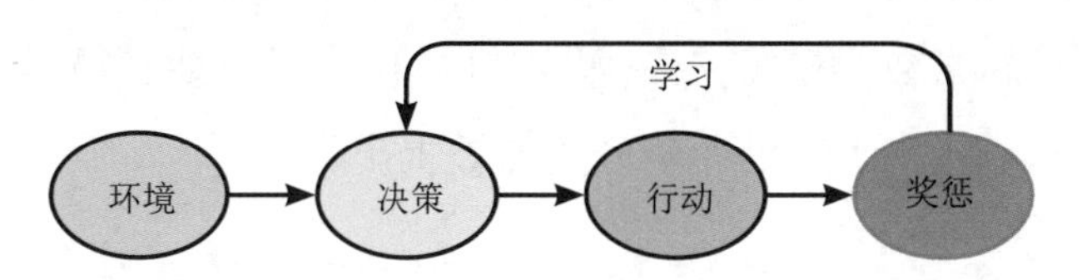

图2-25　强化学习的一般过程

2.4.3　监督学习、无监督学习与强化学习的比较

监督学习表示输入带有标记的样本数据，通过训练已有标签的数据样本获得模型，从而输出事先确定的某一个分类标签。

无监督学习表示输入不带标记的数据，通过自主归纳推理，将数据分为一个个集群。由于是自主归纳，因此输出结果往往无法事先确定。

强化学习不需要预先输入数据，它的关键在于决策，因此强化学习是一个不断试错、循环往复的过程。在当前环境下根据反馈的奖惩，不断思考与改进，做出不同的决策再付诸行动。

动手实践

请使用图形化编程软件，加载人工智能相关模块，通过一个小游戏建立一个机器学习项目。

不需要告诉机器具体的游戏规则，但是可以通过获胜的游戏案例来训练机器，在这个过程中了解机器是如何通过强化学习思考与改进，从而一点点变得聪明的。

2.5 机器学习的发展

2.5.1 机器学习发展历程

在现阶段，研究人工智能的学者们认为机器学习经历了五个发展阶段。

第一阶段：萌芽时期（20 世纪 40 年代）

这一时期研究学者们引入生物学中的神经元概念，在分析神经元基本特性的基础上，提出“M-P 神经元模型”，为机器学习的发展奠定了基础。

第二阶段：热烈时期（20 世纪 50 年代—60 年代中期）

著名的“图灵测试”就是这段时期提出的，不仅如此，神经学家还提出了最简单的神经网络数学模型 —— 感知机。在这一时期，最早的决策树算法和支持向量机（SVM）、贝叶斯分类器被提出。

第三阶段：冷静时期（20 世纪 60 年代中期—70 年代中期）

由于感知机结构单一，并且只能处理简单的线性问题，技术无法突破局限，在冷静时期，机器学习的发展停滞不前。即使这样，1967 年 K 最近邻（K-Nearest Neighbor，KNN）分类算法被提出。

第四阶段：复兴时期（20 世纪 70 年代中期—80 年代末期）

20 世纪 70 年代出现了自训练（Self-Training）、直推学习（Transductive Learning）、生成式模型（Generative Model）等学习方法，可以说是半监督学习的起源。

1980 年机器学习研究在世界范围内兴起，1986 年机器学习逐渐为世人瞩目并开始加速发展。《并行分布式处理：认知微结构的探索》一书提出了应用于多层神经网络的学习规则——误逆差传播算法（BP 算法），推动了人工神经网络的发展。除了BP算法，多种神经网络也在该时期得到迅猛发展。1986 年决策树算法中的 ID3 算法被提出。之后不久，卷积神经网络（CNN）问世。

在复兴时期，机器学习领域的最大突破是人工神经网络种类的丰富，由此弥补了感知机单一结构的缺陷。

第五阶段：多元发展时期（20 世纪 90 年代至今）

进入 90 年代，统计学习大行其道，多种浅层机器学习模型相继问世，诸如逻辑回归（LR）、支持向量机等。

2006 年深度学习的概念被正式提出。

2.5.2　深度学习与机器学习

随着人工智能的流行，“深度学习”一词经常听到，那么“深度学习”与我们之前说的机器学习中的“监督学习”“无监督学习”“强化学习”有什么关系呢?

人工智能中的“智能”可以说主要归功于机器学习，目前在机器学习中经常使用的技术就是深度学习。简而言之，我们之前提到的“监督学习”“无监督学习”“强化学习”这三种学习方式都能使用“深度学习”技术。

可以用图 2-26 来表示人工智能、机器学习与深度学习的关系。

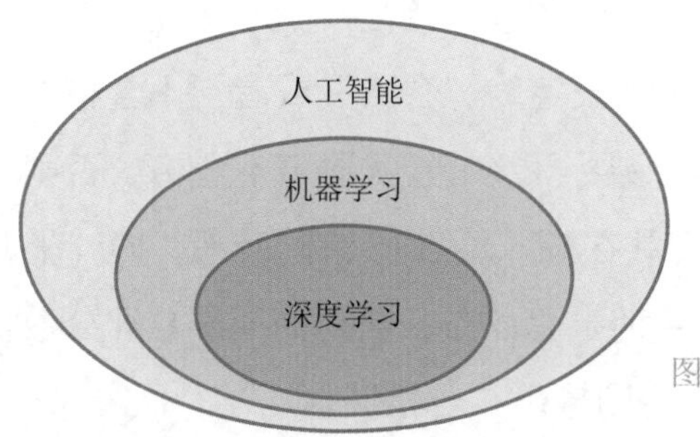

图 2-26　人工智能、机器学习与深度学习的关系

2.5.3　人工神经网络与深度学习

深度学习被认为是人工神经网络算法的拓展。人工神经网络要从神经元和感知机说起。

1. 神经元

人类的大脑中拥有数以千亿计的神经元，神经元是构成大脑的基本部件（图 2-27）。人类的听、说、看、想等行为会刺激神经元突起，我们称之为“树突”。通过“树突” 可以将神经元相互连接，大脑中所有的神经元和与之相连的树突就形成了大脑的“神经网络”。

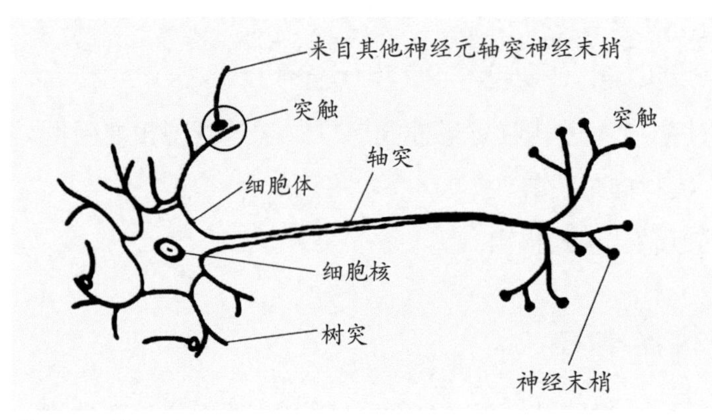

图 2-27 神经元

2. 感知机

感知机是神经网络的基础，也是深度学习的起源。单层感知机就可以看作一个最简单的神经网络。感知机的原理很简单，即系统接收到多个输入，并反馈一个输出。

以学校某学科的期末总评为例演示单层感知机。一般期末总评由学生的平时成绩与期末考试成绩两部分组成，因此输入就是“平时成绩”与“期末考试成绩”两个分数，输出的期末总评设定为“合格”或者“不合格”。期末总评输出的条件为“如果获得的分数小于 60 分就输出不合格，否则输出合格”。如图 2-28 所示，过程中会对各输入值进行加权处理，即“平时成绩 × 权重 + 期末考试成绩 × 权重 = 期末总评”，获得的期末总评分数再按分数小于 60 分就输出“不合格”，否则输出“合格”。

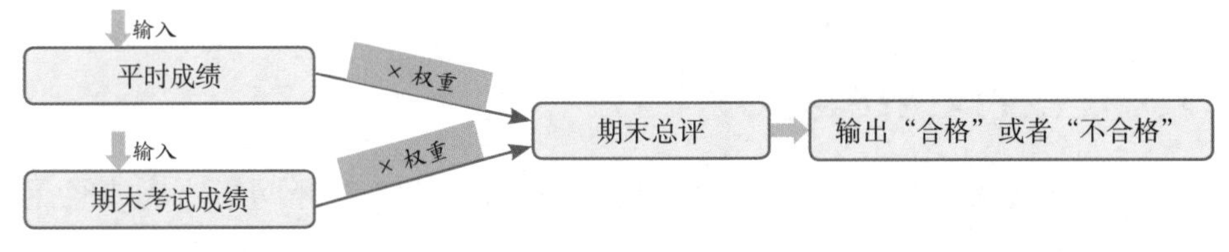

图 2-28 以期末总评为例演示单层感知机

思考探索

权重就是某一个事物的重要程度。如果学校更重视学生平时的表现，那么平时成绩的权重就会比较大；如果学校更重视学生的考试成绩，那么期末考试成绩的权重就会比较大。

为什么在深度学习中权重需要调整？由于输入的数据对输出结果的影响存在差异，为了得到最优的结果，深度学习的本质可以理解为优化所有权重的值，选择一个最为合理的数值从而得到最优结果。

体验感知

动手试试看，以下三种情况下，期末总评输出分别是什么？

情况一（图 2-29）

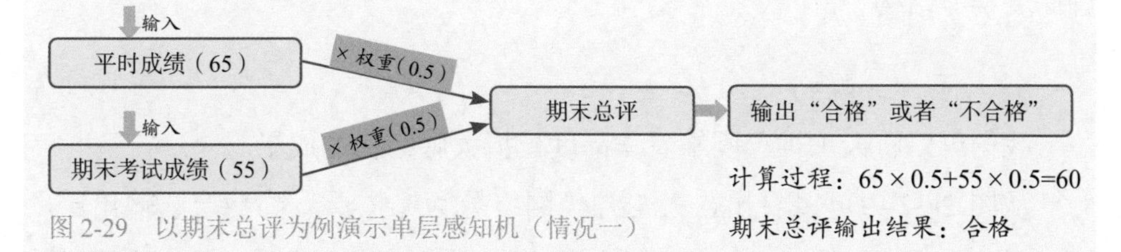

图 2-29　以期末总评为例演示单层感知机（情况一）

情况二（图 2-30）

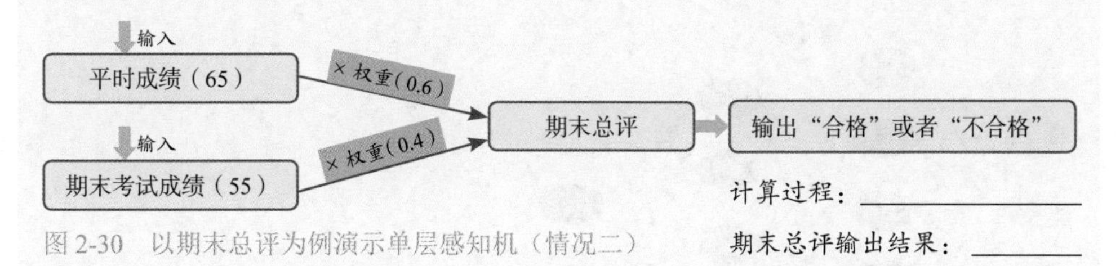

图 2-30　以期末总评为例演示单层感知机（情况二）

情况三（图 2-31）

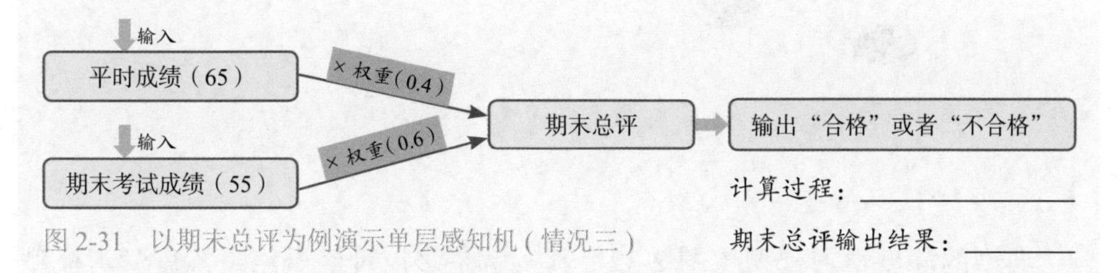

图 2-31　以期末总评为例演示单层感知机（情况三）

情况一　计算过程：65×0.5+55×0.5=60，期末总评输出结果：合格

情况二　计算过程：65×0.6+55×0.4=61，期末总评输出结果：合格

情况三　计算过程：65×0.4+55×0.6=59，期末总评输出结果：不合格

这三种情况下，输入相同的平时成绩与期末考试成绩时，由于权重的不同，输出的结果也会不同。

对单层感知机而言，输入的数据固然重要，但权重也是一个重要影响因素。为了使单层感知机更为合理，往往需要调整选取最为合理的权重。

3. 多层感知机

单层感知机过于简单，能处理的问题有限，因此多层感知机应运而生。多层感知机就是在输入和输出中增加更多层，并且输出层也不仅仅是一个神经元，可以为多个神经元。多层感知机也是人工神经网络的结构之一，由于深度学习源于人工神经网络研究，因此，含多个隐藏层的多层感知机就是一种深度学习结构。

4. 人工神经网络

我们可以将人工神经网络看作高度模拟大脑结构的成果。

从图 2-32 中可以看出，人工神经网络分为输入层、隐藏层、输出层。输入层负责数据的输入；中间几层神经元数据由于无法看到，称为隐藏层；输出层负责数据的输出。

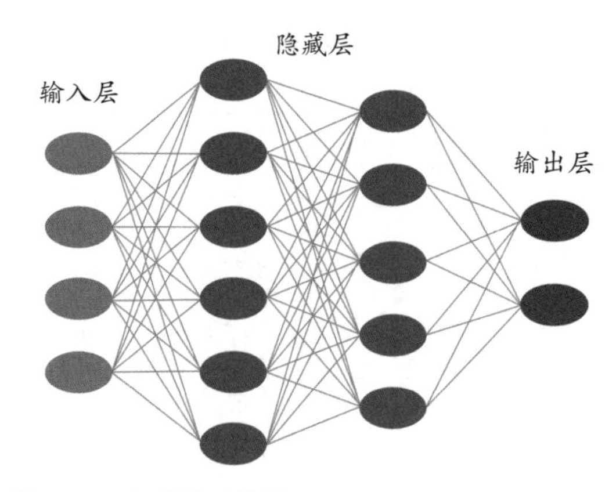

图 2-32　深度学习模型

5. 深度学习

典型的深度学习模型（图 2-32）其实就是多层神经网络。深度学习模型就像人工神经网络一样包含输入层、隐藏层和输出层。

例如输入一张图片，利用深度学习识别图中的对象，设置的深度学习模型如图 2-33 所示。

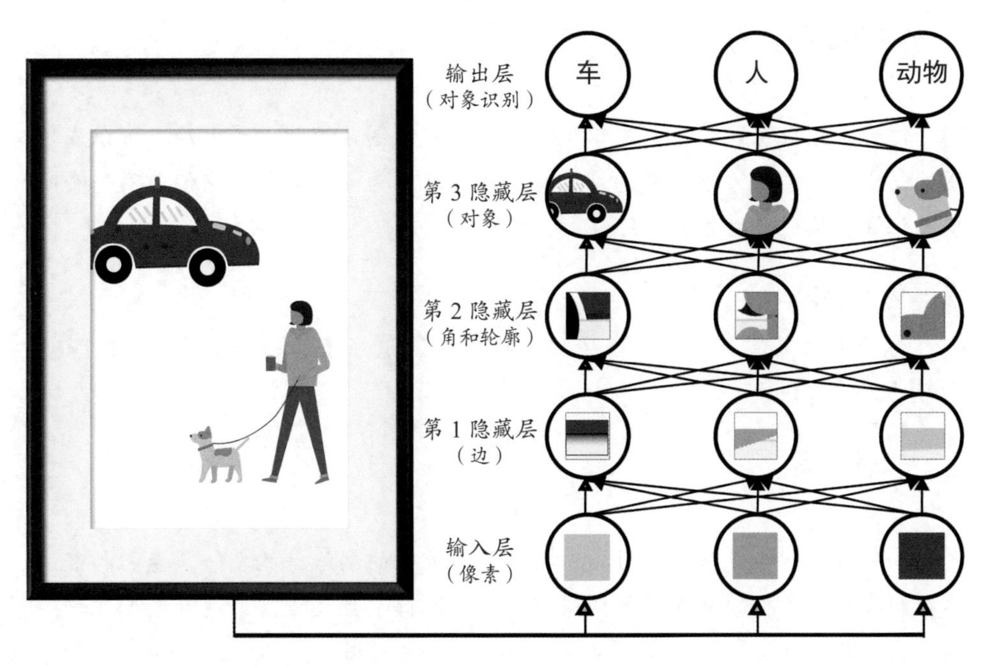

图 2-33　利用深度学习识别图中的对象

在这个深度学习模型中，由于每一张图片都是由一个个像素构成的，我们将像素作为输入层的输入数据。

隐藏层负责从图像中提取更多的抽象特征。

根据给定像素，第 1 隐藏层通过比较相邻像素的亮度来判定边缘。

有了第 1 隐藏层的边缘描述，第 2 隐藏层通过搜索边缘判定角和轮廓。

有了第 2 隐藏层中关于角和轮廓的描述，第 3 隐藏层通过搜索图像中的角和轮廓可以检测特定对象的整个部分。

最后，根据图像所描述的对象进行识别，从而通过输出层输出。

当然，根据设置的深度学习模型不同，隐藏层的层数与每一层神经元的个数也会不同，每一个隐藏层的功能也会不同。比如换一个深度学习模型，其第 1 隐藏层可能并不是在判定边缘。

在深度学习中，为了使隐藏层能更准确地提取抽象特征，往往需要进行参数的调整。参数其实是个比较广泛的称呼，参数调整不仅包含数字的调整（比如之前在感知机中提到的权重，权重也是深度学习中重要的参数之一），也包含了一些网络结构的调整，比如可以增加或者减少隐藏层的层数与神经元的个数。

知识拓展

像　素

像素是组成图像的最基本单元要素。将一张图片缩放至最大后，可以发现图片是由一个个小方格组成的，这些小方格就称为“像素”。它们都有一个明确的位置和被分配的色彩数值。

体验感知

打开手机微信，搜索小程序“你的 AI”，选择不同的数据集，体验深度学习的工作过程。

知识拓展

卷积神经网络

卷积神经网络是深度学习技术中具有代表性的网络结构之一。卷积神经网络在解决某些类型的问题（如图像识别）上取得了巨大成功，现阶段卷积神经网络在视频分析、自然语言处理等领域也有重要应用。

卷积神经网络一般包含卷积层与池化层。

以图像处理为例，卷积神经网络中卷积操作里会有一个卷积核。假设我们现在有一个如图 2-34 所示的卷积核（卷积核通常是远小于输入图像尺寸的数据矩阵）。

卷积核就像一个滑动窗口，沿着表示输入图像的矩阵逐格滑动，进行卷积核与相应输入位置的处理（相乘再相加的操作），最终根据滑动的位置生成相应的输出，这一过程如图 2-35—图 2-37 所示。

设置不同的卷积核，可以探究图像中各种各样不同的细节。通俗地说，卷积的作用就是能从各个不同的角度将图片的本质看得清清楚楚，也就是帮助我们找到图片的特征。

池化层的直接效果是降维，降维可以理解为减少数据量。池化层可以理解为将设定的区域用一个值表示。目前池化的方法有最大值池化与平均值池化，较为常用的是最大值池化，也就是在设定的区域选出一个最大值作为区域代表，由此可以获得图片更全局的特征。最大值池化的过程如图 2-38 所示。

卷积加上池化，就可以从纹理特征逐渐扩展到局部特征，再扩展到全局特征。

1	0	1
0	1	0
1	0	1

图 2-34　卷积核示例

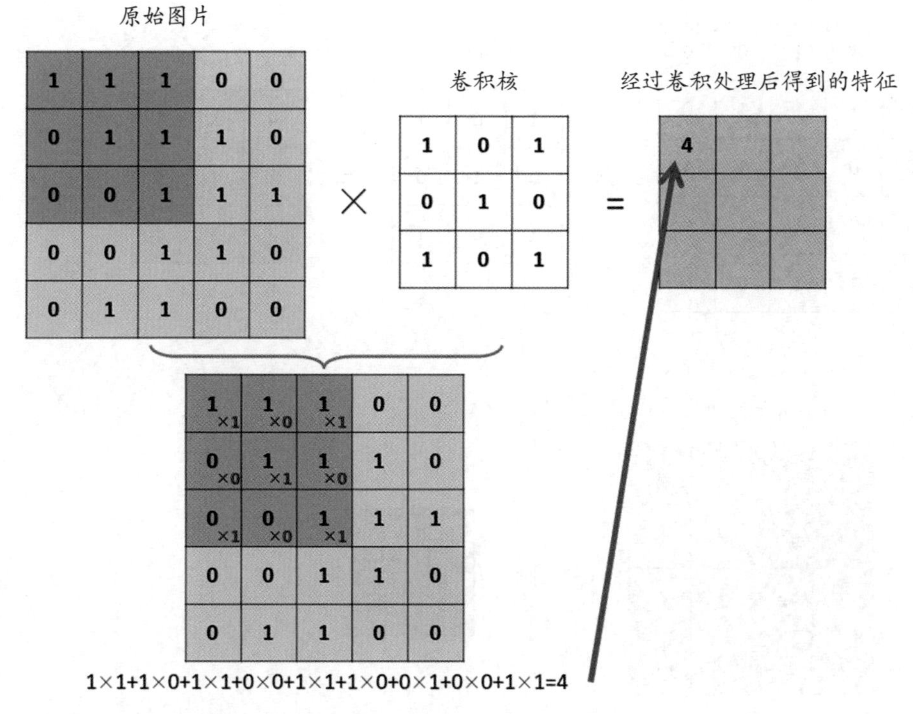

图 2-35　卷积的过程（1）

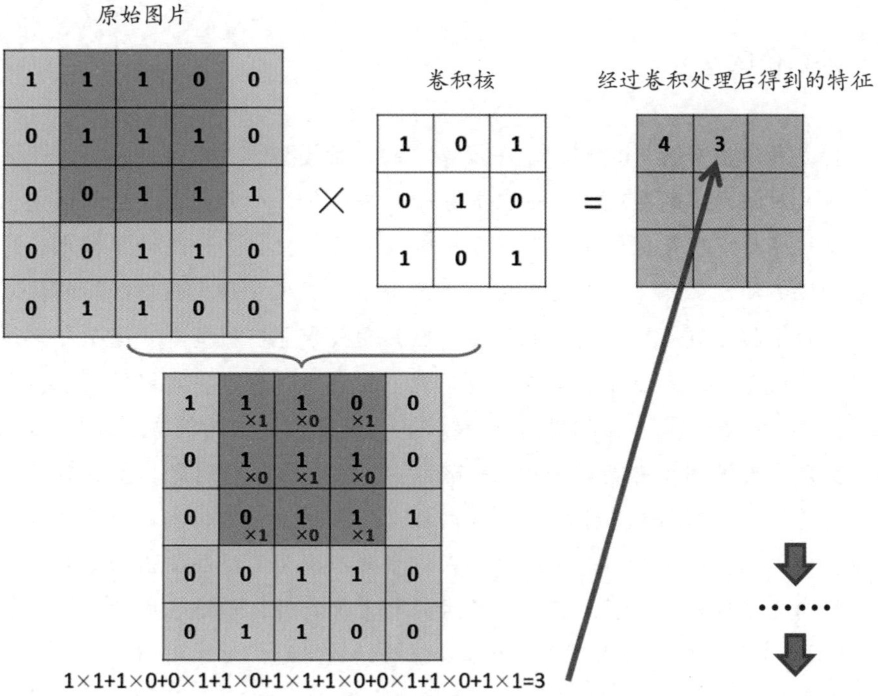

原始图片

卷积核

经过卷积处理后得到的特征

4　3

1×1+1×0+0×1+1×0+1×1+1×0+0×1+1×0+1×1=3

图 2-36　卷积的过程（2）

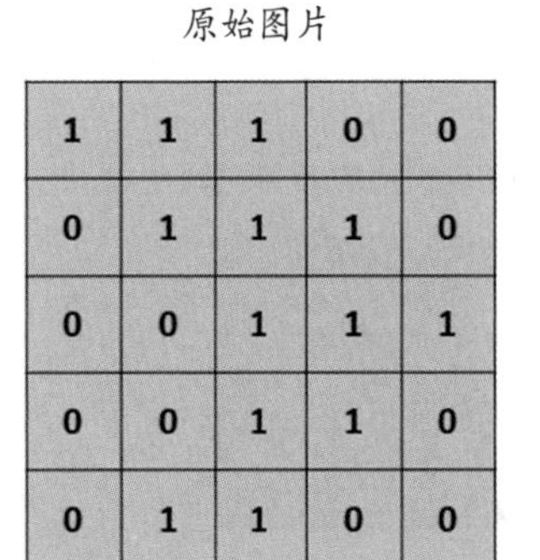

×

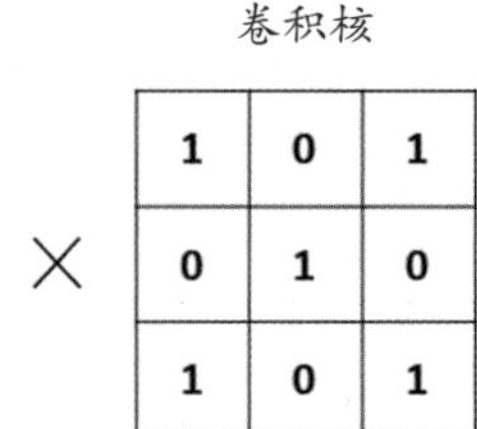

=

经过卷积处理后得到的特征

4	3	4
2	4	3
2	3	4

图 2-37　卷积的过程（3）

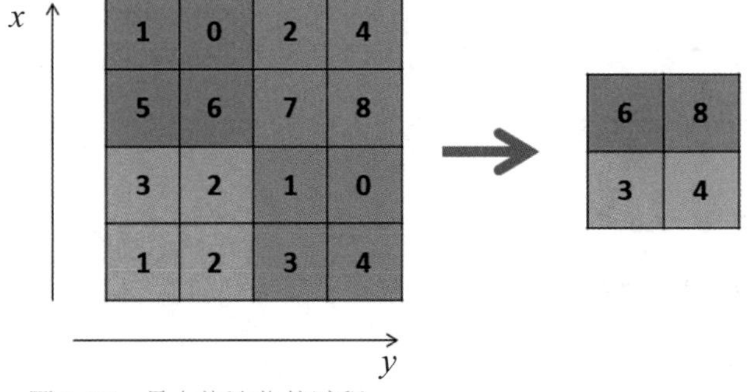

图 2-38　最大值池化的过程

知识拓展

生成式对抗网络

生成式对抗网络（GAN）是深度学习的一种模型。可以通过一个例子来理解生成式对抗网络的原理。比如犯罪分子制作假钞，一开始由于技术很差，一下子就被警察发现是假钞了。汲取了失败经验后，犯罪分子改进了技术，这次生成的假钞没这么容易被警察识破。于是警察发现犯罪分子制作假钞的技术在进步，为了防止假钞的流通，他们鉴定假钞的技术也有所提升。这个相互博弈的过程持续下去，犯罪分子制作的假钞越来越逼真，警察鉴定假钞的能力也越来越强，双方相互博弈，互相提高自身技术。这就是生成式对抗网络的基本思想。

生成式对抗网络分为两个主要部分——生成器和判别器。生成器负责生成伪真的样本，判别器用于鉴定生成的样本。如果生成的样本不够真实，判别器能轻松识别生成的样本是伪造的。在这个模型中为了提高输出的质量，我们需要好的生成器和判别器，只有当两者都非常优秀时，最终生成的样本才够真实。生成式对抗网络在图片修复、艺术创作等领域得到广泛应用。值得一提的是，由生成式对抗网络创作的画作 *Edmond de Belamy*（《爱德蒙·贝拉米的肖像》）在拍卖会上以约 300 万人民币的价格成交。

第3章　会看的人工智能

导　言

计算机视觉技术就是用计算机和摄像头等设备模拟人类视觉，对外部世界进行观察和理解，它是人工智能领域的一个重要组成部分。计算机视觉技术可以实现图像处理、图像识别、目标检测、目标跟踪等多种任务。随着该技术的不断发展，目前已经被应用于公共安全、智能交通、工农业生产、医疗诊断等诸多领域。

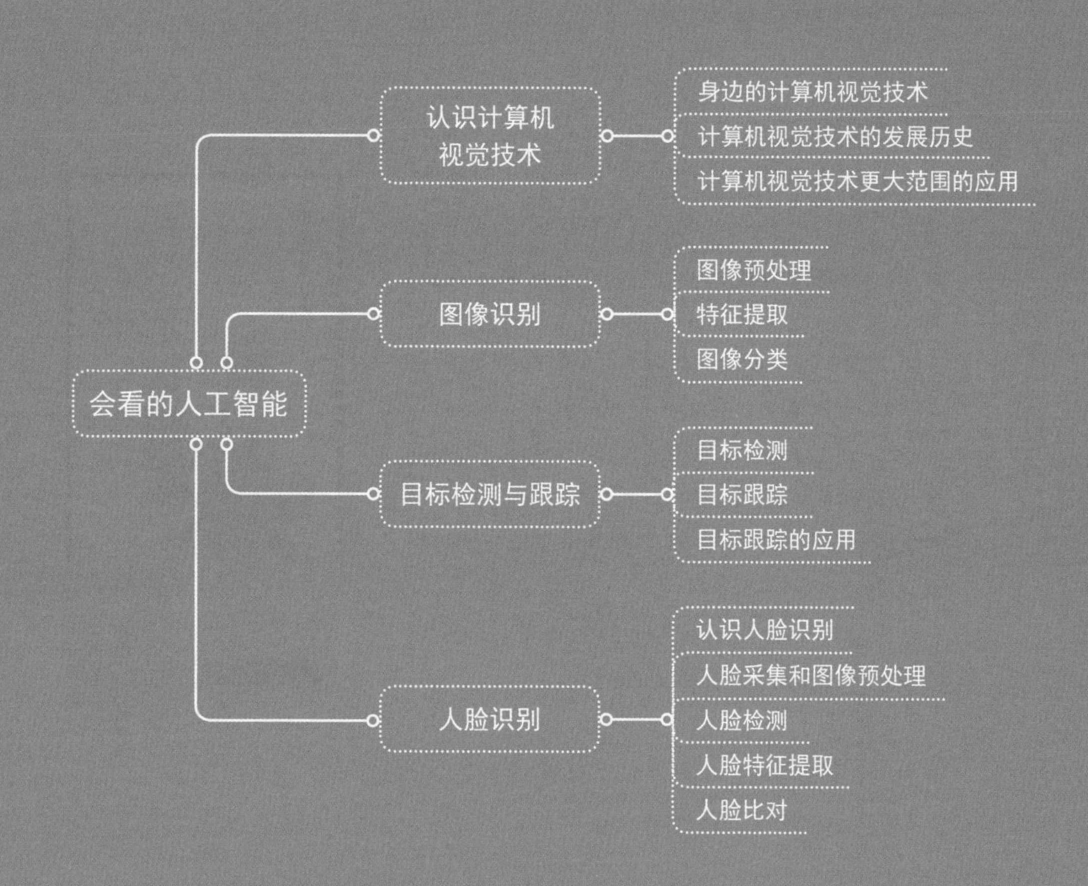

3.1 认识计算机视觉技术

3.1.1 身边的计算机视觉技术

在我们的学习和生活中，会遇到各式各样的摄像头。比如，学校门口用来测量体温的摄像头，教学大楼里的安防摄像头，在教室里用来点名的摄像头。教室里的摄像头甚至可以在课堂互动时监测到阅读、举手、书写、起立、听讲、趴桌子等行为，再结合面部表情是高兴、伤心，或是愤怒、反感，分析出我们在课堂上的状态。在上下学路上，我们可以看到地铁、公共汽车里和马路上的监控摄像头，汽车进出小区时栏杆上有可以识别车牌号码的摄像头。回到家，我们可以用手机摄像头拍摄习题，检查自己的答案是否正确。

以上这些都用到了连接计算机等设备的摄像头，并且使用了一门叫作计算机视觉的技术。这是研究如何使机器会“看”的科学，进一步说来，就是用摄像头和计算机代替人眼对目标进行识别、跟踪和测量等，并通过图像处理，获取相应信息的科学。

体验感知

1. 这是中国邮政为纪念某一中国特有的植物发行的一枚邮票截图（图 3-1），图中的植物名称缺失，我们能用什么办法识别出这种植物吗？

原来这种植物名叫百山祖冷杉，是我国特有的一种植物，你答对了吗？

2. 新学期开始了，小能同学想买一支适合书写的笔（图 3-2），同学只发来了一张照片，小能同学不知道在哪里能买到，你能帮助他解决这个问题吗？

比如可以使用购物App的拍照搜索功能，看看能不能找到对应的购买链接。

图 3-1 中国邮政纪念邮票截图

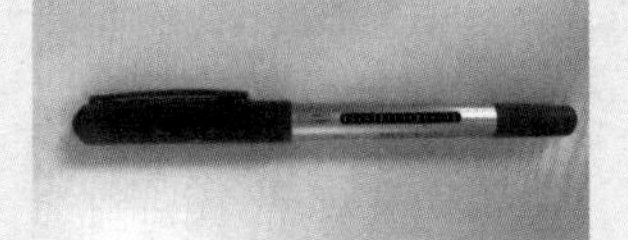
图 3-2 想买的笔

3.1.2 计算机视觉技术的发展历史

计算机视觉是一门研究如何使机器“看”的科学，进一步来说，它研究如何从图像或多维数据中获取信息用于感知。

1966 年，人工智能科学家在给学生布置的作业中，要求学生编写一个程序，在计算机上运行之后，可以告诉我们它通过摄像头看到了什么，这也被认为是计算机视觉最早的任务描述。

20 世纪七八十年代，随着现代电子计算机的逐步普及，计算机视觉技术也初步萌芽。科学家开始尝试让计算机回答它究竟看到了什么东西，首先想到的是从人类看东西的方法中获得借鉴。

一是当时人们通常认为，人类之所以能看到并理解事物，是因为人类通过双眼可以立体地观察事物。因此，要想让计算机理解它所看到的图像，必须先将景物从二维的图像恢复成三维结构，这就是所谓的“三维重构”的方法（图 3-3）。

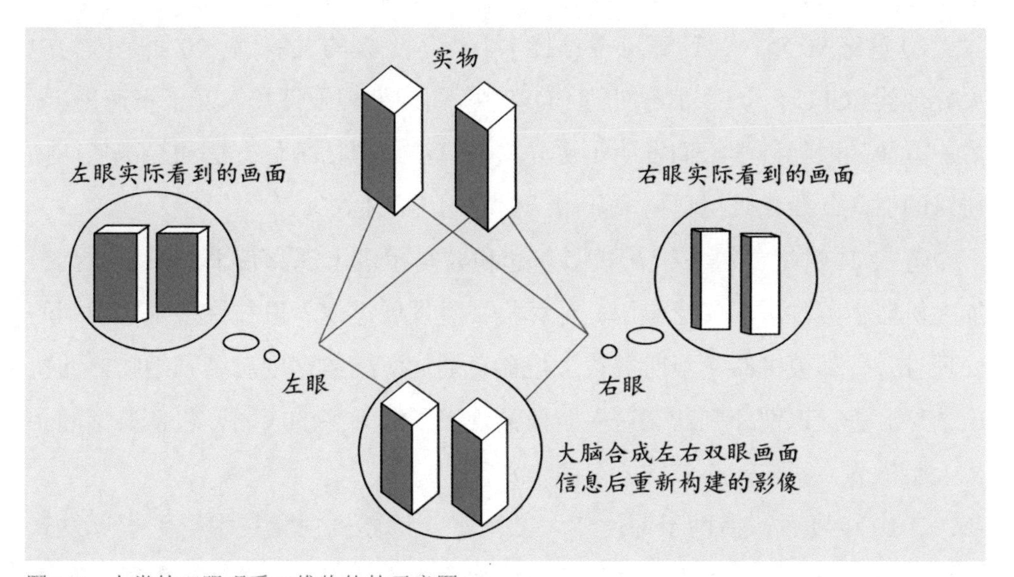

图 3-3 人类的双眼观看三维物体的示意图

二是当时人们认为，人类之所以能识别出一个苹果，是因为人类已经知道了苹果，比如苹果可能是红色的、黄色的、绿色的、圆的、表面光滑的。如果给计算机也建立一个类似的知识库，让计算机将看到的图像与知识库里的储备知识进行匹配，是否可以让计算机识别乃至理解它所看到的东西呢——这就是所谓的“先验知识库”的方法（图 3-4）。

图 3-4 先验知识库示意图

这套方法只能够提取少数基本特征，实用性不高，只能用在某些光学字符识别、显微或航空图片识别等方面。

20 世纪 70 年代后期，随着计算机性能的提升，处理图像成为了可能，计算机视觉才得到了真正的关注和发展。1982 年《视觉》一书问世，标志着计算机视觉成为一门独立的学科。

20 世纪 90 年代，计算机视觉技术取得了更大的发展，一方面是因为中央处理器（CPU）、数字信号处理（DSP）等图像处理硬件技术有了飞速进步；另一方面是因为科学家们发明了更先进的算法，包括统计方法和局部特征描述符的引入，计算机视觉技术开始广泛应用于工业领域。

进入 21 世纪，得益于互联网兴起和数码相机出现后带来的海量数据，加之机器学习方法的广泛应用，计算机视觉发展迅速。以往许多基于规则的处理方式，都被机器学习所替代。机器自动从海量数据中总结归纳物体的特征，然后进行识别和判断。这一阶段涌现出了非常多的应用，包括典型的相机人脸检测、安防人脸识别、车牌识别等。

2010 年以后，借助于深度学习的力量，计算机视觉技术得到了爆发式增长并形成产业化，出现了神经网络图像识别，这就是目前比较新的一种图像识别技术。深度学习技术在计算机视觉技术的发展上，特别是物体视觉领域，体现出非常大的优势。

到今天，计算机视觉技术已经可以利用“看”到的信息完成多种任务。展望未来，计算机视觉技术有可能实现让计算机像人那样通过视觉来观察和理解世界。

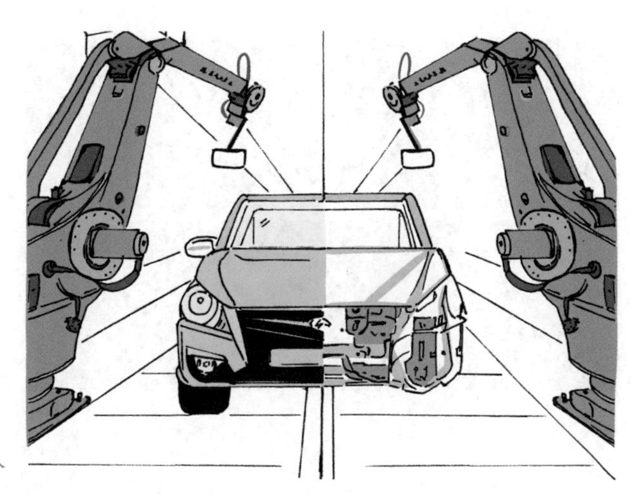

图 3-5　制造机器人

3.1.3　计算机视觉技术更大范围的应用

前面我们了解了计算机视觉技术的应用，以及计算机视觉技术的发展简史，接下来我们将了解计算机视觉技术在更大范围、更高级别的应用，如在工业制造、医疗、农业、军事、安防监控、自动驾驶等领域的应用。

1. 计算机视觉与工业制造

2015 年 5 月，国务院总理李克强签批《中国制造 2025》。这是部署全面推进实施制造强国的战略文件，是中国实施制造强国战略第一个十年的行动纲领。在工业制造中，离不开工业机器人的使用。工业机器人系统中视觉感知技术是工业机器人感知的一个重要方面（图 3-5）。视觉系统采集视觉信息，用于控制调整机器人的位置和姿态。视觉系统还在质量检测、识别工件、食品分拣、包装各个方面得到了广泛应用。

2. 计算机视觉与医疗

我国腾讯公司旗下腾讯觅影是将人工智能技术运用在医学领域的产品。腾讯觅影汇集多个顶尖人工智能团队的力量，把图像识别、深度学习等技术与医学应用跨界融合。

早期的各项医疗检查都是人工读片，费时费力，还容易误判。现在的智慧医疗基于计算机视觉技术的发展有了极大的进步（图 3-6）。它的原理是这样的：提供海量的有癌细胞和正常细胞的两类图片，无需勾画所有癌细胞和正常细胞的边界，计算机视觉技术就能识别这两类图片的特征，通过机器学习的方式加以识别，极大地提高了读片的准确率。

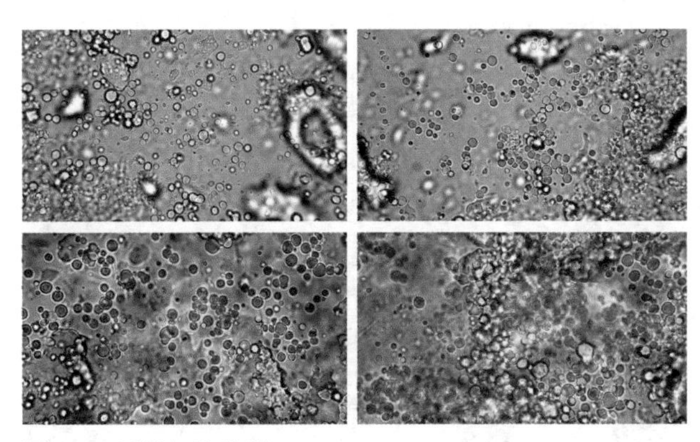

图 3-6 医学细胞检测

据新闻报道，曾经有机构对某医院上传的 30 名患者近 9 000 张肺结节 CT 影像进行智能检测和识别，将第一轮筛查出的疑似结节标记出来，作为辅助诊断结果，提供给 4 名放射科医生进行审查。人机合作诊断肺结节的全过程仅用了 30分钟，比传统途径所需的 150 ～ 180 分钟，效率有了很大提升。经现场 4 位三级甲等医院放射科医生采用双盲方法进行验证，智能诊断的综合准确率达到 90% 以上。

3. 计算机视觉与农业

人们已经利用视觉识别技术对农作物和杂草进行智能识别，实现智能喷雾，还可以用太阳能电池板，摄像机，温度、湿度、光线传感器，以及大数据云来收集、记录、处理农业数据，进行农作物产量预测、农作物病害监测等（图 3-7）。在我国黑龙江等地区已经开展基于北斗卫星的室外监测系统和智能手机终端等新技术用于农业监测、气象灾害预警等服务。

4. 计算机视觉与军事

计算机视觉在军事上可以运用于导弹和无人机等项目（图 3-8）。比如我国自主研发的“长剑 -10”巡航导弹可以贴地或贴海平面飞行，它的飞行

图 3-7 智慧农业

图 3-8 巡航导弹

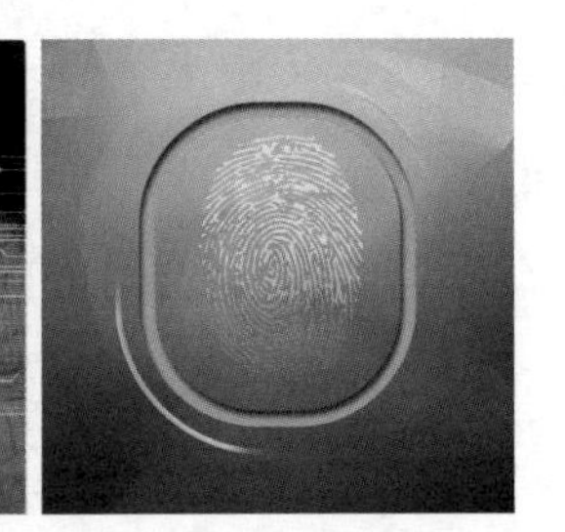

图 3-9　人脸扫描　　图 3-10　虹膜扫描　　图 3-11　指纹扫描

高度很低，能够躲避大多数雷达的监视，安全地到达它的作战区域。导弹在飞到目的地附近时，会做出一个眼镜蛇式的抬头动作，俯视它的目标在哪里，然后再低头直奔目标。

5. 计算机视觉与安防监控

近年来，基于生物特征的鉴别技术得到了广泛重视，主要集中在对人脸（图 3-9）、虹膜（图 3-10）、指纹（图 3-11）、声音等特征上，其中大部分都与视觉信息有关。

以查找犯罪嫌疑人为例，传统的用人工方式从海量影像数据资料中筛选对象的方法有如大海捞针，工作量巨大，而且容易遗漏。智能安防技术则是通过计算机视觉和深度学习的方式，让计算机分析资料中的个人特征，然后根据犯罪嫌疑人的特征自动筛选，快速准确地识别出个体人物的各种重要特征，如性别、年龄、发型、衣着、体型、是否戴眼镜、是否骑车以及随身携带的物品等，从大量监控影像中自动识别出嫌疑人，不仅节省人力物力，同时也大大缩短了破案时间。

6. 计算机视觉与自动驾驶

随着大数据、物联网、5G 等技术在汽车领域的不断普及和推广，自动驾驶技术（图 3-12）也开始为人们所熟知。

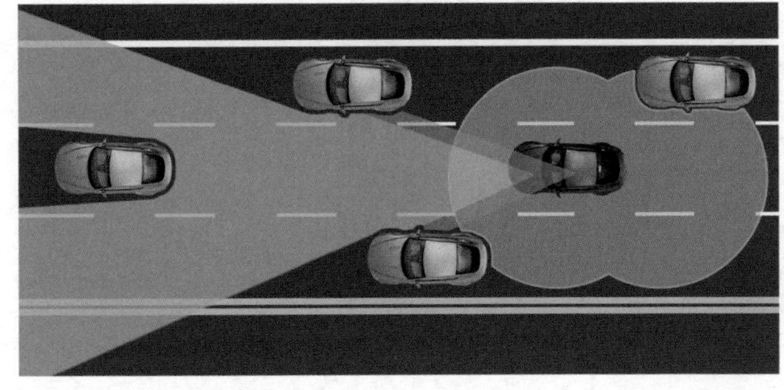

图 3-12　自动驾驶

自动驾驶汽车又称无人驾驶汽车，是一种通过计算机系统实现无人驾驶的智能汽车。自动驾驶汽车依靠计算机视觉等人工智能系统协同合作，让计算机可以在没有人主动操作的情况下，自动安全地操作机动车辆。2019 年 8月 30 日，由百度和一汽联手打造的中国首批量产 L4 级自动驾驶乘用车——红旗 EV，获得 5 张北京市自动驾驶道路测试牌照。

以上列举了计算机视觉技术的主要应用场景，那么计算机究竟是如何实现计算机视觉的，计算机视觉的原理又是什么呢？

思考探索

想一想下面哪些应用了计算机视觉技术（图 3-13—图 3-15）？

图 3-13
人脸识别解锁手机

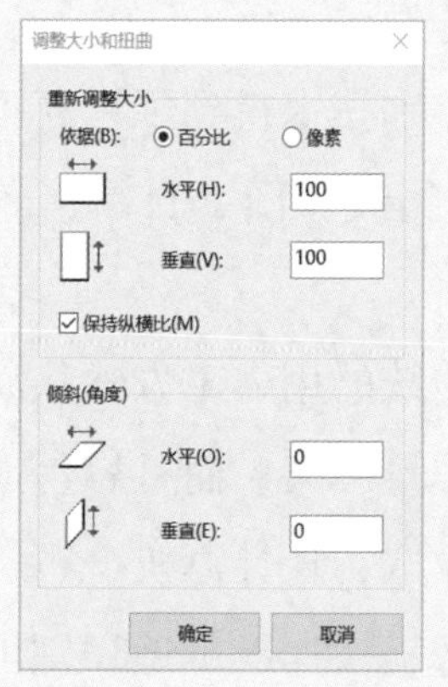

图 3-14
用图像处理软件调整图片

图 3-15
百度图片中的以图搜图

体验感知

1. 请打开手机，试着用有美颜功能的 App 拍照，看一看用它拍摄的照片，在皮肤、脸型等方面有了什么样的变化。

2. 请打开手机，试着使用百度 App 的“识万物”功能（图 3-16），看看它能识别出什么。

图 3-16　百度 App“识万物”

3.2　图像识别

图像识别是指利用计算机对图像进行处理、分析和理解，以识别各种不同模式的目标和对象的技术，是应用机器学习算法的一种实践应用。现阶段图像识别技术从识别对象上一般分为人脸识别与物品识别。人脸识别主要运用在安全检查、身份核验与移动支付等场景中；物品识别主要运用在物品流通等场景中，特别是无人货架、智能零售柜等。

一般来说，图像识别的流程包括图像预处理、特征提取、图像分类三个步骤（图 3-17），我们根据这个流程来了解计算机视觉技术是如何识别图像的。

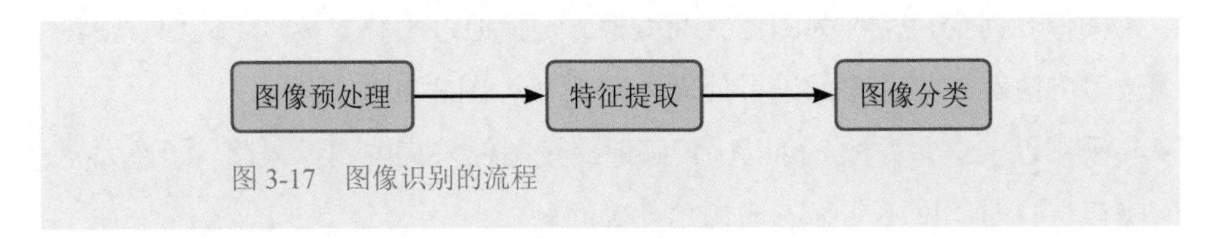

图 3-17　图像识别的流程

3.2.1　图像预处理

在第 2 章中我们知道，人能区分不同的动物是因为之前看见过，并记住了它们的不同特征；同样地，计算机能够正确区分狗和猫，也是因为之前看过并记住了它们的不同特征。

在计算机进行图像识别时，图像质量的好坏直接影响识别算法的设计与识别效果的精度，但是在图像采集的过程中，成像角度、透视关系乃至镜头自身原因都会产生图像的误差，因此在图像识别的初始阶段，我们需要对图片进行预处理。

图像预处理的主要目的是消除图像中的误差，恢复有用信息，从而改进特征提取、图像分类的可靠性，帮助计算机更准确地理解图片。一般的图像预处理有以下几种方法。

1. 灰度校正

我们把图片上每一个不可分割的单位（或者说是最小的元素）称为像素。“灰度”一词原是黑白摄影的术语，是指根据景物各点颜色及亮度不同，摄制成的黑白照片（或黑白图像）上的各像素点呈现出的不同深度的灰色（图 3-18，图 3-19）。

图 3-18 原图

图 3-19 灰度校正后

图 3-20 几何变换后

2. 几何变换

图像几何变换又称为图像空间变换，是指通过平移、转置、镜像、旋转、缩放等方法对采集的图像进行处理（图 3-19，图 3-20）。

采用以上这些方法，可以比较好地纠正图像采集中图像太暗、图像太亮、有噪声点、对比度不明显、成像角度等问题。

体验感知

请使用图像处理软件，尝试对图片的亮度、对比度等进行调整，旋转、翻转、裁剪图片，体验手动处理图像。

3.2.2 特征提取

特征，顾名思义是某一事物不同于其他事物的特点。人脑之所以能区分事物的不同，主要是因为能提炼出事物之间的异同点。比如鸭有脚蹼，鸡没有；鸭喙与鸡喙形状不同；鸭走路是左右摇摆的，鸡不是。人脑能够提取到以上这些特征。再比如，虽然狗和猫都覆盖着毛发，但人脑能够利用某些特征来正确区分狗和猫，比如犬类比猫类有更突出的吻部，同等体型猫类的嘴比犬类的嘴可以张开更大的角度等。

计算机视觉技术是如何模仿人脑来提取事物的特征呢？我们以图 3-21 为例说明这个问题。

计算机为了抓取狗的特征，首先将相应的图像转化为黑白渐进的灰度图，再把整张图片分割成小格，接下来统计每个方格图像内线条方向的分布规律，也就是沿垂直或者水平方向计算出像素变化的程度（梯度；图 3-22）。

图 3-21　原图

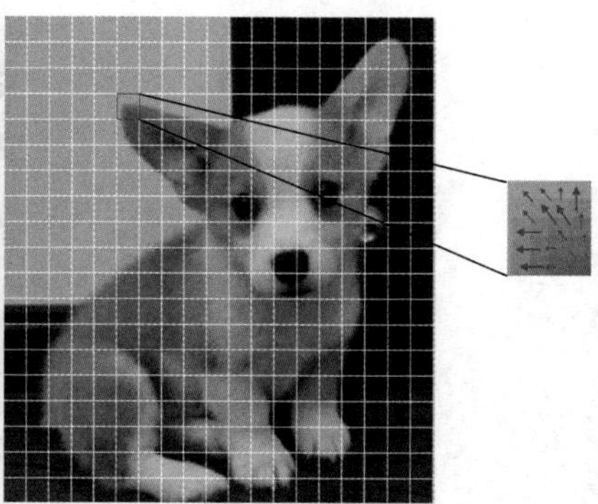

图 3-22　梯度变化示意图

图 3-23　方向梯度直方图

然后使用一定的算法将垂直和水平方向的梯度归一成只保留必要信息的图像，最终将原始图像处理成如图 3-23 所示的样子。

我们能很明显地看出这只狗的轮廓，并且保留了狗较长的吻部、较大且直立的耳朵等特征信息。这类特征也需要与图像的位置对齐，比如狗嘴和耳朵出现在图中适当的位置时，才可以对狗进行较为准确的识别，而当它处于非常少见的姿态时，比如把吻部埋在身体和两只前爪里，这样的特征可能就无效了，需要利用更复杂的特征或者更优化的算法才能进行更好的识别。

以上的图像特征提取方法名叫作方向梯度直方图（Histogram of Oriented Gradient，HOG），是比较常见的一种基于图像处理技术的传统图像特征提取算法。图像特征提取的方法还有很多，比如基于颜色特征的特征识别方法、基于几何特征的特征识别方法等。

知识拓展

直方图

直方图（Histogram）是一种统计报告图，由一系列高度不等的纵向条纹或线段表示数据分布的情况。一般用横轴表示数据类型，纵轴表示分布情况。

直方图是表示数据变化情况的一种工具。用直方图可以解析出数据的规律，比较直观地看出对象所有数据的分布状态，对于数据分布状况一目了然，便于判断其总体数据的分布情况。

比如对于图 3-24，使用图像处理软件查看直方图（图 3-25），能够很直观地看出图片在明度（亮度）、红、绿、蓝通道的图像数据分布情况。

图 3-24 原图

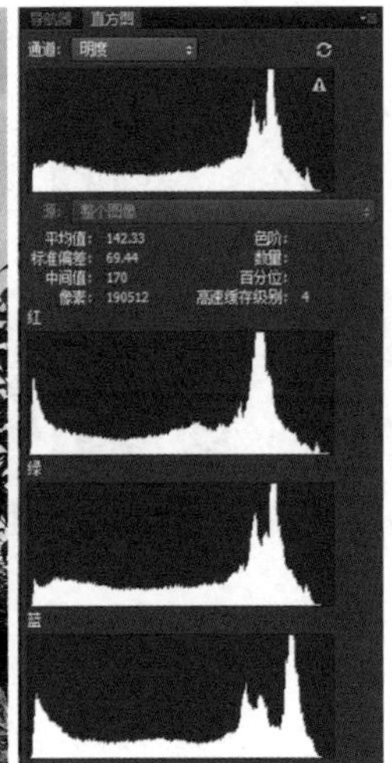

图 3-25 直方图

3.2.3 图像分类

俗话说，一张图片胜过千言万语。我们不断地攫取图片上的视觉内容，解释它的含义，并且把它们存储在大脑中以备后用。但对于计算机来说，要解释一张图片的内容其实是很难的，它对图像传递的思想、知识和意义一无所知。

所以为了让计算机理解图像的内容，我们必须应用图像分类的技术，这是使用计算机视觉以及机器学习算法从图像中抽取意义的任务。这个操作可以简单地理解成为一张图像分配一个标签，如猫、狗或是大象，甚至可以解释图像的内容并且返回一个人类可读的句子。

图像分类的依据是提取的图像特征，接下来我们使用图像分类的算法对图像进行识别。举个例子，我们准备了一大堆猫和狗的图片，然后用这些图片训练一个分类器模型。

红色符号代表狗，蓝色符号代表猫，横坐标轴表示脸型接近圆形的程度，纵坐标轴表示毛发的长度。根据这个两维坐标，这堆猫和狗的图片被分布成如图 3-26 所示。

很显然，如果我们要把代表狗的红色符号与代表猫的蓝色符号分开，只要在中间加条直线就可以了。就像图 3-27 这样，用一条直线把平面一切为二，两边分属不同的两类。这种分类器其实就是第 2 章中学习过的单层感知机。

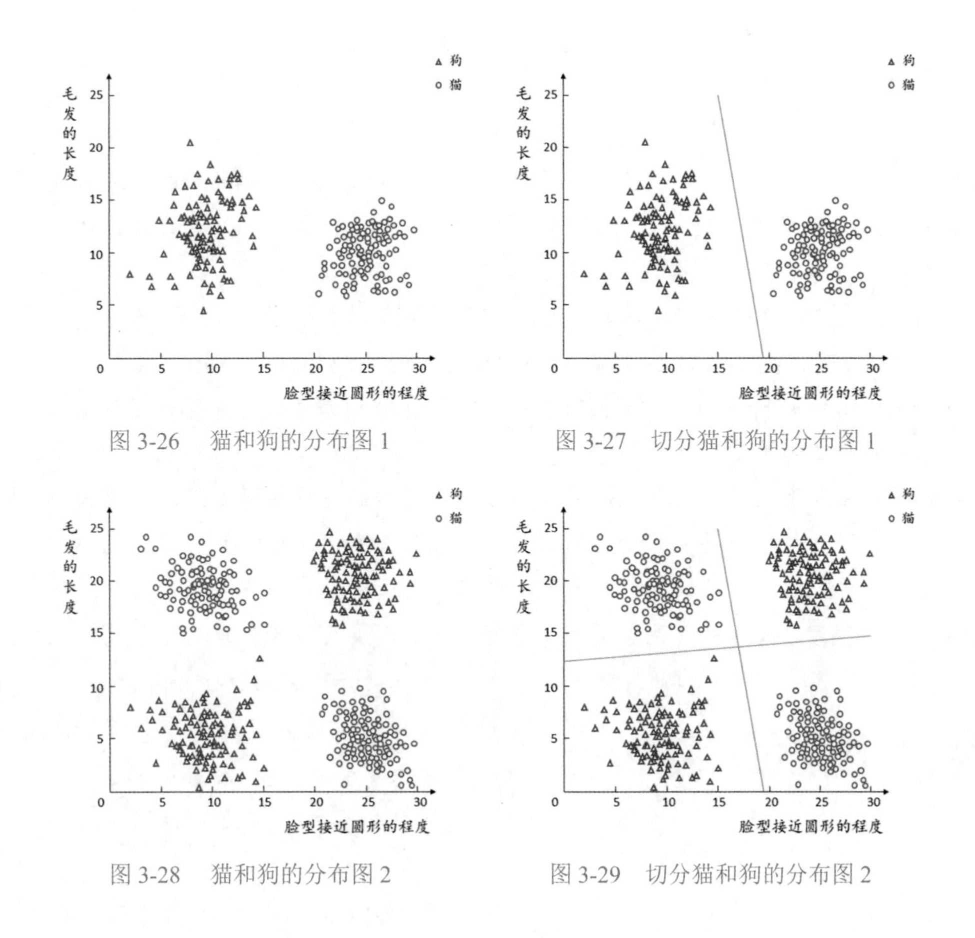

图 3-26　猫和狗的分布图 1

图 3-27　切分猫和狗的分布图 1

图 3-28　猫和狗的分布图 2

图 3-29　切分猫和狗的分布图 2

但是如果这堆猫和狗的图片分布是像图 3-28 这样的，又该怎么办呢？

当样本的复杂程度增加的时候，单层感知机只能“切一刀”的缺点就会暴露无遗。这时可以使用多层感知机，也就是多层人工神经网络。其中底层神经元的输出是高层神经元的输入，也就形成了人工神经网络中间的隐藏层。回到图 3-28 中，我们可以先在上下之间横着切一刀（图 3-29 中的黄线），接着左右之间竖着切一刀（图 3-29 中的绿线），然后把左上和右下的部分合在一起，与右上和左下的部分区分开。

其实刚才每“切一刀”，就是使用了一个人工神经网络中的神经元，在图 3-29 的这个例子中，单层神经网络无法根据这些特征区分这堆图片，但是多层神经网络就能正确地对其进行分类。只要能切合适的次数，再把切出的结果有机组合，那么无论遇到什么样的样本数据分布，人工神经网络都能够进行有效的区分。

到这里，我们成功完成了这堆猫和狗的图片分类。

知识拓展

验证码背后的秘密

只要上过互联网的人，都知道验证码是什么。这些年来，验证码的形式也越来越花哨。没有一些知识储备，可能连验证码都要看不懂了（图 3-30）。有的验证码还要考验操作鼠标的熟练度，如果动作慢了还不行。

验证码的用处可以用一句话来解释：区分想登录的是计算机还是真正的人。

验证码英文全称 CAPTCHA，它是 Completely Automated Public Turing test to tell Computers and Humans Apart 这个超长词组的缩写，直接翻译过来的意思就是“全自动区分计算机和人类的图灵测试”。

当互联网的浪潮刚刚在全世界掀起时，最让大伙苦恼的一件事就是垃圾邮件太多了，有人还特意写了程序，整天大量注册新邮箱账号用来发送垃圾推广邮件。用户邮箱中的重要邮件常常被大量垃圾邮件所淹没，还浪费了大量的资源。互联网公司和网民饱受其苦。这时有一位程序员就想到了一个好办法。人类可以轻松地看懂手写的文本，但计算机程序很难认清。所以，可以在注册账号的时候设一道门槛，必须输入给出的歪歪扭扭的文本才能完成注册，用来识别计算机和真人。从此，验证码就诞生了。

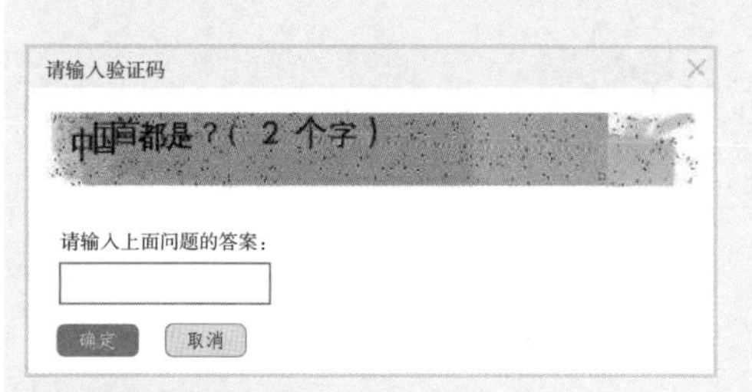

图 3-30　知识问答式验证码

或许有人会说：每次登录都要输入验证码，浪费了我们大量的时间！说起来你可能不信，实际上你每次输入验证码的时间并没有被浪费，反而每一次输入验证码都可能是为人工智能的发展做出了贡献。这又是为什么呢？因为我们输入的验证码，很有可能成为人工智能训练的数据集。大家肯定遇到过街景类验证码（图 3-31）。在你费眼又费脑地区分验证码中的小轿车、路牌或自行车等内容时，你其实是在为人工智能免费打标签！其中的一部分图片是人工智能已经识别出来的，但是还夹杂了几张人工智能难以识别的街景。换句话说，这些数据最终将会用于训练图像识别的分类器。现在你明白为什么有时输入验证码有可能是为人工智能发展做贡献了吗？

图 3-31　街景类验证码

3.3　目标检测与跟踪

我们知道了图像识别要经过三个步骤，在这个过程中，刚才我们使用的示例图片每张都只包含一个物体。那么当图片中不止一个物体时该怎么办？比如图 3-32。这个时候如果简单使用刚才的图像识别就不行了，计算机就会分不清这张图究竟是狗还是娃娃了（图 3-33）。

图 3-32　狗和娃娃的图片

图 3-33　狗和娃娃的方向梯度直方图

3.3.1　目标检测

当计算机面对一张图片的时候，最基础的任务就是识别出这张图片上是什么。是风景还是人物，是建筑物还是食物，这其实是一种图像的分类，可以简单理解成为不同的图片打上对应的标签。当知道了图像的类别，例如我知道这个图像是关于狗和其他物体的，那么这只狗在图片中的什么位置，能不能使用方框把它标出来？或者当图片中包含一群狗的时候，虽然计算机能够识别出图像中包含狗，却并不知道图中出现了几只狗。

这个时候就需要对图像做进一步的处理，即进行目标检测（图 3-34）。

图 3-34　目标检测

图像识别与目标检测的区别：在图像识别中，整幅图像被分类为单一类别，给予单一标签；在目标检测中，计算机需要找出图像中目标的位置和个数并辨认出它们是什么（图 3-35）。

图像识别	目标检测
· 一幅图像被输入 · 一个对应的识别结果即标签被输出	· 一幅图像被输入 · 多个与封闭边界框关联的识别结果被输出 · 多个与封闭边界框关联的置信度被输出

图 3-35 对狗和娃娃图的目标检测

目标检测方法 1：传统的目标检测

传统的目标检测方法使用人工设计的特征算子提取图像特征用于目标检测。我们以一种单一尺度的目标检测方法为例，使用固定大小的检测框，在被检测图像上从左到右、从上到下移动检测，每在一个位置上检测时，都会把这个区域内的图像输入分类检测算法中。然后分类检测算法会判断这个区域内是否有物体，如果有的话就会对物体进行分类处理，一旦物体达到或超过某一分类标签的阈值，就将这个检测框标示出来，并贴上分好类的标签。因为计算机的处理速度非常快，所以对整张被检测图像的所有区域重复进行这样的操作很快就可以完成，也就得到了最终的检测结果。

当然，在实际运用中，目标检测方法要复杂得多，这里为了方便大家理解做了一定的简化。不过，这种检测方法也有着明显的不足，比如到底设置多大的检测框才比较合适呢？检测框太大了无法对检测区域内的图像进行分类（图 3-36a），太小了又无法检测到比较大的物体（图 3-36b）。为了优化这种目标检测方法，人们又做了很多的尝试，这里就不一一展开了。

图 3-36 检测框的设置

图 3-37　基于神经网络的目标检测

目标检测方法 2：基于深度学习的目标检测

基于深度学习的目标检测方法使用从神经网络中学到的图像特征来进行目标检测。

简单地说，首先通过某些特征框的选择搜索算法，从待检测的图像中提取出成百上千个大大小小的目标候选框，然后把这些候选框内的图像分别送到神经网络中，最后针对提取到的图像特征，进行分类并得到类别信息，以及对应于原图像的位置坐标信息，从而实现目标检测并得到检测结果（图 3-37）。

由此可以发现，目标检测作为一种较为精细的目标，其达成的难度是远大于图像分类的。

知识拓展

平面直角坐标系

在数学上有这样一个定义，在平面内画两条互相垂直，并且有公共原点的数轴。其中横轴为 x 轴，纵轴为 y 轴。这样就在平面上建立了平面直角坐标系，简称直角坐标系。

用一组有序的数（x, y）可以表示平面上的一个点，换句话说，平面上的一个点可以用一组两个有顺序的数来表示，也就是坐标系上这个点的坐标。如果知道坐标系中两个点的坐标，就可以通过它们计算出两个点之间的线段长度。同样，如果知道坐标系中三个点的坐标，就可以计算出由这三个点构成的三角形的面积（图 3-38）。

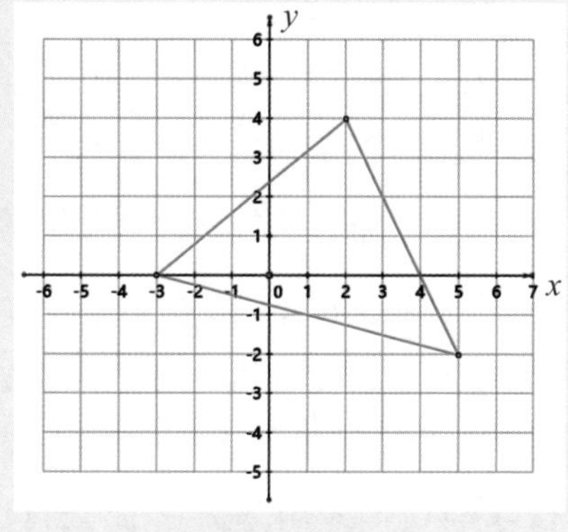

图 3-38　平面直角坐标系

3.3.2 目标跟踪

到这里，我们已经了解了对图像的目标检测。不过刚才的图像都是静态的，在现实生活中有更多的应用场景需要在动态的视频中对目标进行跟踪。例如在视频的第一帧图像中标出待跟踪目标，并在后续图像中找到同一目标，对这一目标在下一帧中的位置进行预测，这就是目标跟踪。

目标跟踪技术在智能监控系统、无人驾驶、视频检索、导弹制导、人机交互和工业机器人等领域具有重要的作用。

如何实现目标追踪呢？其实方法有很多，我们讨论如下两种方法。

方法 1：逐帧检测的目标跟踪

在视频的第一帧图像中，设定需要追踪的目标，然后在接下来的视频序列的每一帧图像中找到相似度与目标最大的区域。换句话说，提取第一帧中目标的特征进行学习，再对之后的每一帧图像进行检测，从而确定目标在每一帧的位置。

方法 2：基于帧间关系的目标跟踪

因为目标跟踪的本质是根据第一帧的数据训练相关算法，所以必然导致训练的数据非常有限。针对这一问题，可以使用一个在图像分类数据集上预训练得到的通用的特征提取模型。在实际跟踪时，通过利用当前跟踪目标的有限样本信息对预训练模型进行微调。简单说来，就是在视频中寻找追踪目标的时候，第一次寻找需要在整个画面中找到目标的位置。但在下一帧图像中就不用在整个画面中寻找目标了，而是在上一帧目标出现位置的附近寻找就可以了。与逐帧检测的目标跟踪算法相比，这种方法不需要每次对全图作检测，只需要在上一次的检测框周围进行扫描即可，提高了检测的效率。

目前，目标跟踪在比较复杂的条件下，要实现实时的、准确的跟踪，依旧面临很多困难，主要的挑战有以下这些：

（1）形态变化：运动目标发生姿态变化时，它的几何特征以及外观模型可能会发生改变，因而导致跟踪失败。

（2）尺寸变化：当跟踪目标缩小时，会将很多背景信息包含在内，导致目标模型的更新出错；当跟踪目标增大时，由于跟踪范围不能将目标完全

图 3-39　目标被遮挡

包括在内，检测框内目标信息不全，也会导致目标模型的更新出错。

（3）图像模糊：分辨率降低、目标快速运动、光照强度变化、运动目标与背景相似等情况都会导致图像模糊。

（4）目标被遮挡：目标跟踪除了要求在每一帧图像上检测出目标，还要求预测目标的位置，这是因为有时目标会被短暂遮挡或者短暂消失，否则由于找不到目标的对应模型，就会导致跟踪失败。所以，遇到这样的问题就需要目标跟踪算法能预测目标最有可能出现的位置（图 3-39）。

体验感知

有些手机云台只要点击跟踪按钮，在屏幕上圈出需要跟踪的目标，云台就会自动调整方向，无论是目标移动，还是云台自身移动，都可以准确地跟踪被拍摄的目标（图 3-40），有机会的话可以体验一下。

图 3-40　目标跟踪示意图

3.3.3 目标跟踪的应用

目标跟踪作为计算机视觉技术的一个重要研究方向，在军事和民用方面都有着十分广泛的应用。军事方面包括无人飞行器、精确制导导弹、空中预警、战场监视等；民用方面包括无人驾驶、自动机器人、智能视频监控、人机交互、增强现实等。

1. 军事用途

目标跟踪的军事用途如图 3-8 和图 3-41 所示。

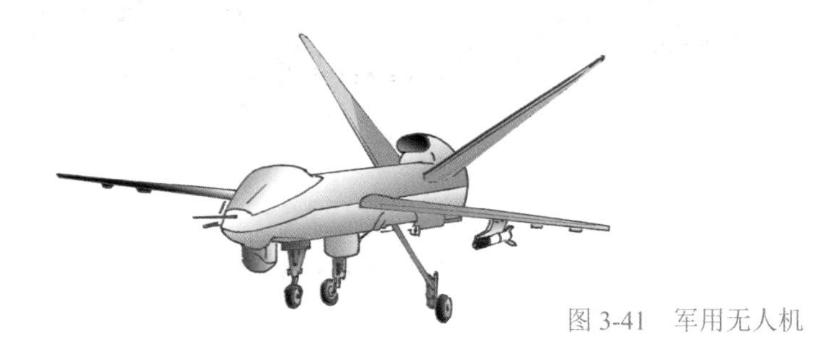

图 3-41 军用无人机

2. 民用方面

（1）智能视频监控

①基于步态特征的身份识别（图 3-42）。每个人走路的姿态都是不一样的，计算机能识别出人体各个大关节的弯曲、摆动、高度、周期等特征，从而区分每个人。即使有人戴上口罩、帽子故意遮挡面部，计算机仍然能够识别出此人。

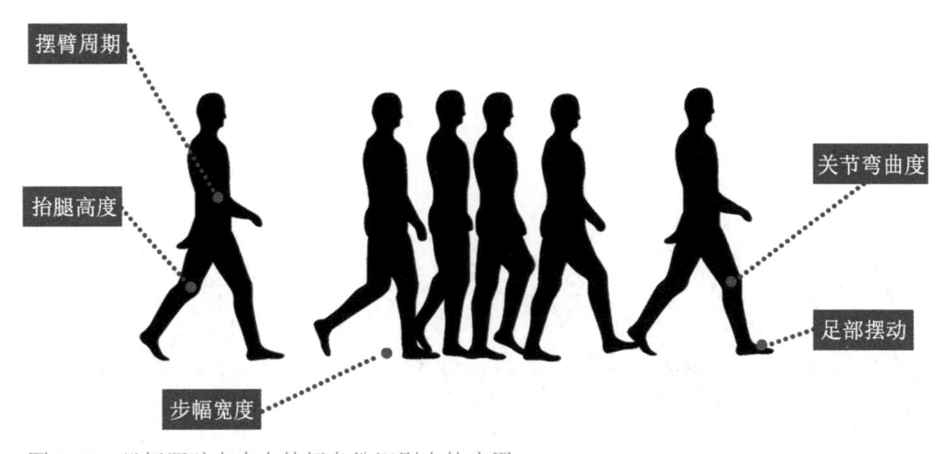

图 3-42 目标跟踪在步态特征身份识别中的应用

②基于人脸识别的目标跟踪。通过识别人脸特征，计算机能区分每一个人，具体原理我们将在之后详细讨论。

③车载计算机检测行驶途中遇到的物体，比如行人、障碍物、红绿灯、周围的车辆等，检测自己与周围物体的距离变化，从而防止车辆与行人或其他车辆发生碰撞，防止闯红灯等交通违法行为的发生。

④交通管理部门在公路边、道口等位置安装的摄像头，会采集来往车辆的车牌等信息，实时监控各种交通信息，包括车流密度、行驶速度、交通事故等（图 3-43）。

（2）人机交互

传统人机交互是通过计算机键盘和鼠标进行的，计算机能识别和理解人的姿态、动作、手势，目标跟踪是其中比较关键的技术。

比如手部追踪加手势识别，就能检测图像中所有的手，识别手势类型（图3-44），包括自拍、他人拍摄、各种角度等多样化场景。

计算机不仅能识别人的姿态、动作、手势、表情，还能将人像叠加在虚拟 3D 环境中进行交互，可以给参与者更加丰富的交互体验，比如很多 App 都有美颜、换脸、实时跟踪表情等功能（图 3-45）。

图 3-43　目标跟踪在交通监视中的应用

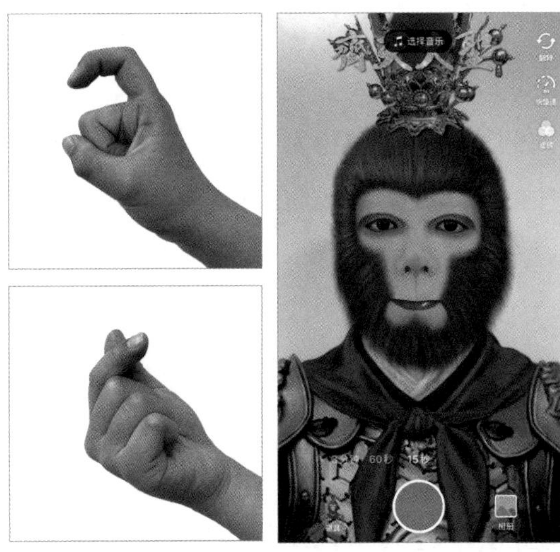

图 3-44 手势识别　　图 3-45 实时卡通人脸变换

（3）医学诊断

目标跟踪在超声波和核磁共振三维建模图像的自动分析中有着广泛应用。例如超声波图像中的噪声经常会遮盖单帧图像的有用信息，使静态分析有时变得十分困难，而通过跟踪技术利用序列图像中目标在几何上的相关性和时间上的连续性，可以获得更准确的分析结果（图 3-46）。

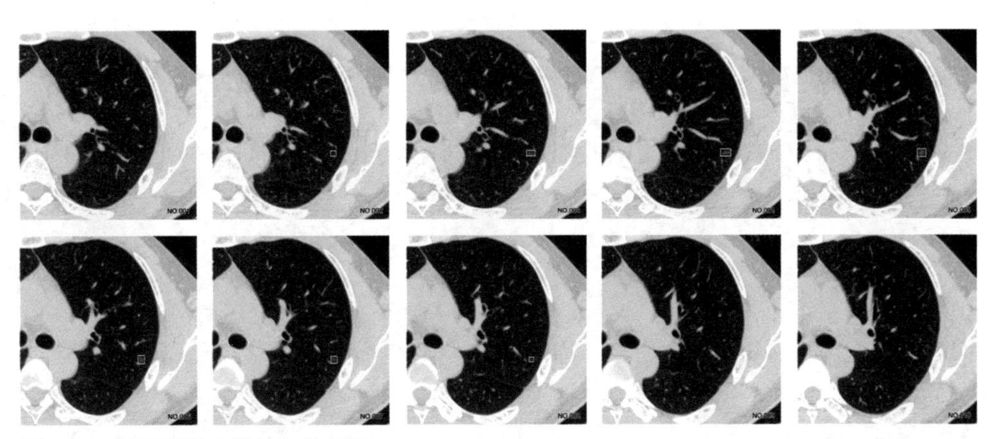

图 3-46 目标跟踪在医学上的应用

体验感知

打开短视频 App，选择“道具”功能，进行人脸追踪、增强现实的体验。

3.4　人脸识别

大家一定发现，在我们的日常生活中，可以“刷脸”的地方越来越多了。车站、机场、码头安全检查时，可以“刷脸”加快进站速度；在银行、医院办理业务或者挂号付款时，“刷脸”可以快速认证用户身份，还能节约人力资源；商场、超市购物结账时，“刷脸”可以免密支付，提升购物的便捷体验……

“刷脸”这个看似简单的事情，实际上是由计算机视觉技术作为支撑的。计算机究竟如何完成人脸采集和预处理，进行人脸检测、人脸对齐与人脸特征提取，实现人脸识别与活体检测的呢？人脸识别又有哪些优势和应用场景呢？让我们带着这些问题一起来探讨。

3.4.1　认识人脸识别

人脸识别是基于人的脸部特征信息进行身份识别的一种生物识别技术。具体说来，就是用摄像头采集含有人脸的图像或视频流，并自动在图像中检测和跟踪人脸，进而对检测到的人脸进行脸部识别的一系列相关技术，通常也叫作人像识别或面部识别。

1964 年科学家构建的半自动人脸识别系统是最早期的关于人脸识别的研究。这个系统是基于人脸特征的几何参数，包括面部各个器官的几何特性，比如双眼间距、头宽、鼻高、耳朵位置等面部关键特征点的相对几何关系。

但是人脸特征点的精确定位本身就是一个比较困难的问题，很容易受到姿态和表情等变化的影响，所提取到的人脸几何特征又非常简单，丢失了其他大量的可供提取的特征信息。所以基于简单几何特征的算法总体识别准确率并不高。

人脸识别技术的发展一直很缓慢，直到深度学习技术诞生，人脸识别技术获得了爆发式的发展。2014 年中国科学家在深度学习结合人脸识别领域取得优异成绩，在人脸数据集（LFW）上识别准确率超过了 99%，已经超越人类在该数据集上 97.52% 的识别准确率。据新闻报道，2018 年在全球人脸识别算法测试大赛上，共有来自全球的 39 家企业和机构参与，排名前五的算法被中国包揽；2019 年中国公司又一举夺冠，显示出了持续而强大的竞争力。

思考探索

除了以上的场景，还有哪些场景可以用到人脸识别技术？

3.4.2 人脸采集和图像预处理

人脸识别过程中需要先采集人脸图像。根据采集人脸的场景不同，一般可以分为两类。

第一类场景叫作限制条件下的人脸拍摄。比如要求坐姿标准，正对、平视镜头，不戴帽子、眼镜，甚至还有对光线明亮的要求，大家可以猜猜看，这样的场景在哪里呢？

拍摄证件照时就是这一类场景。我们在升学、出境旅游、申请身份证时会拍摄这样的图像。计算机对识别这样的人脸图像是最有利的，目前国际上对这类人脸图像领先的识别准确率超过 99%。

第二类场景叫作非限制条件下的人脸拍摄。在日常生活中，自然条件下拍摄到的人脸存在着各种问题，比如侧对镜头、暗光、强光、背光、遮挡、模糊等，这样获取到的图像必然影响人脸算法的识别准确率。如果将第一类场景的算法照搬到这里，只能勉强达到 60% ～ 70% 的识别准确率。所以为了提升算法的识别准确率，有必要从采集端着手，提升图像采集的质量，同时可以对采集的人脸图像进行预处理，提升图像质量。

那么我们该怎么预处理呢？图像增强是一种经常采用的图像预处理方式。例如环境光线太弱会造成图像变黑（曝光不足），这时可以采用暗淡部分增强、去除暗背景下的噪点、提升图像的分辨率、去除运动时的图像模糊等方法进行图像增强。

具体有以下两种方法。

1. 提升图像分辨率

图像分辨率的提升，给人们最直观的感受就是图像变更精细了，在非限制条件下采集的人脸通常因为距离较远，都不会太大，识别人脸特征会比较困难。我们可以使用插值算法增加像素点，提升分辨率。插值的方法有很多，这里我们只讨论最基础的最邻近插值法（图 3-47）。

可以这样理解，一个 3 × 3 的像素图像（图 3-47a）要放大到 4 × 4 大小

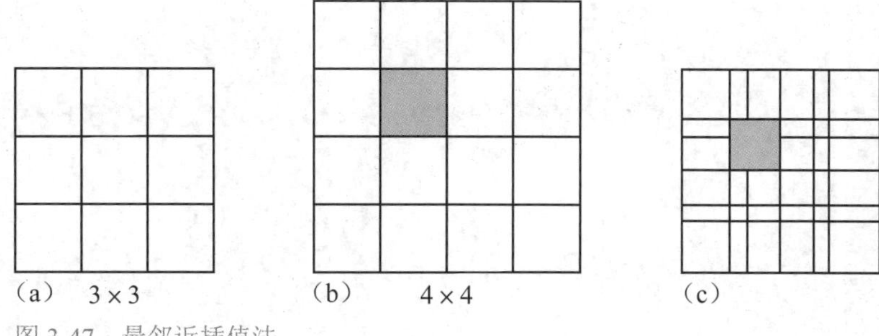

图 3-47　最邻近插值法

（图3-47b），可以随机选择第二列中某一点，如图 3-49b 所示的绿色像素点即为要插入的像素点，但这个点在原始图像中并不存在，我们不知道它的灰度值，所以把 4×4 图像按照比例缩小到 3×3 大小，然后叠加到 3×3 原始图像上（图 3-47c），这时会发现这个像素点大部分与 3×3 图像中间那个像素重合，所以就把增加的这个点的灰度值设定为 3×3 图像中间那个像素点一样的灰度值。按照这个办法，就可以把图像放大了。

2. HDR 技术

大家可能注意到有些手机的拍照界面上有 HDR 字样（图 3-48），那大家知道什么是 HDR 吗？它有什么作用呢？

图 3-48　手机拍照界面

使用相机拍照，在前景与背景的光线明暗不一致时，就会出现这样的情况：点击光线明亮的区域对焦时，光线较暗的区域会漆黑一片（曝光不足），因为大部分数码相机的对焦和测光同时进行，就像图 3-49 一样。

同样的原因，如果点击光线较暗的区域对焦，光线明亮区域的画面细节就会丢失（曝光过度），如图 3-50 所示。

这时候就需要 HDR 技术来帮忙了，它的中文名称是高动态范围成像（High Dynamic Range Imaging）。

HDR 技术的原理大致可以这样理解，计算机在很短的时间内拍摄同一视角范围内的多张图像，然后利用算法处理将这些图像合并在一起，让暗的部分变亮、亮的部分变暗，以达到同时保留高光细节与暗部细节的目的，其效果如图 3-51 所示。

图 3-49 曝光不足

图 3-50 曝光过度

图 3-51 使用 HDR 技术拍摄的照片

思考探索

想一想，可以用哪个成语形容计算机插值算法？试着搜索最邻近插值法的缺点。

体验感知

试着使用人工智能 bigjpg 小程序，体验放大人脸的图像。

3.4.3 人脸检测

人脸检测是在图像中准确标定出所有人脸的位置和大小，通常用一个个检测框标示出来。还记得之前我们学习过的目标检测吗？目标检测中的“目标”其实是可以包含人脸这个目标的。

人脸检测算法要解决以下几个关键问题：

人脸可能出现在图像中的任何一个位置；

人脸可能部分被遮挡；

人脸由于远近关系可能有不同的大小；

人脸在图像中可能有不同的视角和姿态。

还记得我们是怎么进行目标检测的吗？人脸检测也可以用类似的方法。图像中的人脸是很特殊的一类检测目标，所以需要引入“图像金字塔”的概念。

所谓图像金字塔（图 3-52），就是将分辨率最高的图像放在底部，往上是一系列像素逐渐降低的图像，外观很像金字塔形状，这就构成了计算机视觉中的图像金字塔。

图 3-52　图像金字塔示意图

在人脸检测过程中，人脸图像金字塔显得尤为有用，因为人脸在图像中会有远近、大小之分。人脸检测算法会规定一个最小检测范围，比如 12 × 12 像素，小于这个范围的人脸就不检测了。大于这个范围怎么办？就把检测到的图像逐步降低分辨率，直到 12 × 12 像素，在这个过程中如果检测到人脸就标记上检测框。显然这样做会造成大量的重复标记，同一个人脸会打上不同尺寸的检测框。所以接下去计算机会把标记出来的检测框进行合并去重，保留最合适人脸尺寸的检测框。

当深度学习来临时，科学家们也想到了将深度学习与人脸检测相结合。2016 年，中国科学院深圳先进技术研究院的科学家们开发了 MTCNN 算法，大体上可以分为三层网络结构：P-Net、R-Net 和 O-Net。

简单介绍这三层神经网络的原理：

P-Net 网络的主要目的是生成一些候选检测框，使用 P-Net 神经网络，对图像金字塔上不同分辨率的图像，每一个区域都做一次人脸检测，并且给出人脸检测框的位置和置信度。

P-Net 神经网络的人脸检测是很粗略的，所以接下来使用 R-Net 神经网络进一步优化。R-Net 神经网络和 P-Net 神经网络类似，将前面 P-Net 神经网络生成的检测框再输入 R-Net 神经网络。

R-Net神经网络精细程度还不够，还是不能精确检测人脸，再把R-Net神经网络输出的人脸检测，输入到最精细的O-Net神经网络。O-Net能精确检测人脸，所以输出的时候多了关键点位置和检测框的坐标以及置信度。

实际具体的算法远比以上复杂得多，有兴趣的同学可以自行查阅相关资料继续探索。

有时候图像上不止一张人脸，那么通常最大的人脸就是我们想关注的焦点人物，所以有必要找出最大的人脸。一般来说，只要计算检测框的面积就可以了，而检测框的面积可以用检测框的坐标计算得到。

体验感知

打开搜索引擎，搜索“腾讯AI开放平台—人脸识别”，选择“人脸检测与分析”或“多人脸检测”，看看是否能在上传的照片中识别出人脸。

3.4.4 人脸特征提取

计算机检测到人脸之后，根据输入的人脸图像，寻找并定位出面部关键特征点，比如眼睛、鼻尖、嘴角点、眉毛以及人脸各部分轮廓点等，如图3-53所示的绿色的点。如果人脸图像因为角度、姿态关系有些歪的话，可以根据关键特征点，使用变换的方法把人脸“对齐”，或者说进行“摆正”，提高识别准确率。

之前在图像识别部分，我们了解了图像的特征提取，还记得使用了什么方法吗？没错，我们使用了HOG特征算法。同样，在人脸识别中也可以使用HOG特征算法，就像图3-54这样。

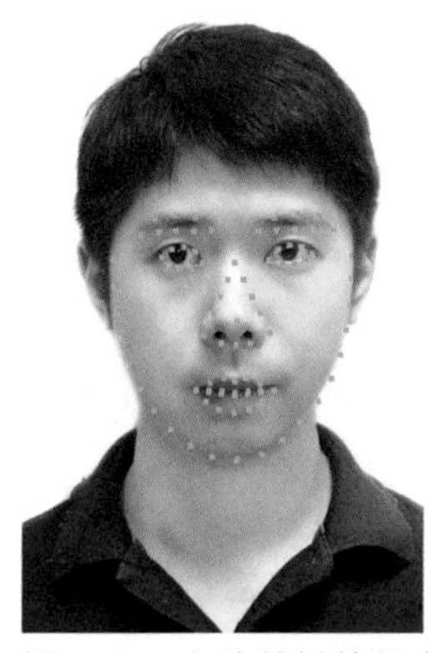

图3-53 人脸关键特征点

(b)

图3-54 HOG特征算法

通过提取人脸图像的 HOG 特征，就能为下一步人脸识别做好准备。

那么，人脸识别的特征提取是不是只有这一种方法呢？当然不是，在有些手机使用的人脸识别技术中，提取人脸特征时就使用了一种叫作“结构光”的技术。

在手机屏幕正上方有个刘海一样的区域（图 3-55），里面有一组红外相机和点阵投影器。点阵投影器通过向人脸投射数万个精心设计、特殊排列的红外光点（人眼不能识别的红外线，所以不会有任何感觉）。因为人脸凹凸不平，点阵的图案就会发生变化，这有点类似有些公园提供的“百变针画”的游艺项目，如图 3-56 所示。

图 3-55　屏幕“刘海”区域

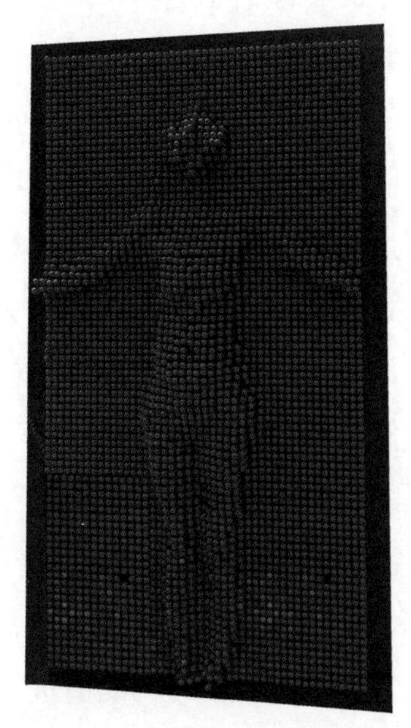

图 3-56　百变针画（针雕）

手机通过红外相机读取人脸表面的光信息，再结合前置摄像头获取的人脸图像进行计算，就能获取带有深度信息的人脸特征。

与一般通过二维图像进行人脸识别的方法相比，这种人脸识别的精度在 0.1 毫米级别，还能够在微光甚至无光的情况下正常工作，可以抵御纸张、视频等平面图像对人脸识别系统的攻击。

体验感知

打开搜索引擎，搜索“腾讯 AI 开放平台—人脸识别”，选择“五官定位”，看看是否能在上传的照片中找到五官的位置。

3.4.5　人脸比对

我们通过前面一系列的步骤获取到了人脸特征，目的就是与人脸数据库中的图像信息进行比对，换句话说人脸识别就是将待识别的人脸特征与已得到的人脸特征进行比较，根据相似程度对人脸的身份信息进行判断。

又可以把“比较”分成两类：一类是一对一进行图像比较的过程，可以叫作确认，通俗说就是证明两张人脸图像是否属于同一人；另一类是一对多进行图像匹配对比的过程，可以叫作辨认，通俗说就是能不能找到这个人。

在第一类比较场景中，提取到人脸的特征值后，与事先准备好的人脸的特征值进行比对。通常事先准备好的人脸特征值是从受限制条件下的人脸图像中获取的，比如身份证、护照照片等。只要两者比对的相似度在一个确定的阈值范围内，我们就认为确认了两者是同一个人，如图 3-57 所示。你能说说这一类比较在现实生活中还有哪些应用吗?

在第二类比较场景中，将提取到的需要比对的人脸特征值，与人脸数据库中所有人脸的特征值进行比对。这个人脸数据库可以是事先准备好、已经存在的，也可以是通过摄像头从实时采集到的人脸图像中提取的。这类场景中的人脸数据库通常是非限制条件下的人脸图像，比如街道、商场、学校、机场、码头等各种公共场所的监控中的图像，所以对人脸识别预处理要求较高。大家想一想，还能列举一些在现实生活中这样的比较场景吗?

图 3-57　相似度与阈值

这类一对多比较的人脸识别应用场景，有一种用途特别牵动人心。我们都是各自家庭的宝贝，父母花了巨大心血把子女养育成人，但是有的家庭遭遇了不幸，孩子被人贩子拐卖，这对整个家庭而言无疑是沉重的打击。

我国的腾讯、百度等多家公司的团队都在致力于开发运用基于人脸识别的人工智能技术寻找被拐儿童的公益项目。我们知道，一个人从幼年到童年再到成年、老年，人脸特征是有很大变化的。人脸识别技术的发展正让这个问题得到更好的解决，技术人员利用人脸特征成长算法，可以根据孩子幼年时期的照片生成一张如今样貌的照片，同样也可以将幼年的照片与现在的照片进行跨年龄的人脸识别比对，就像图 3-58 这样。

通过这样的人工智能识别技术进行初步筛选，最后结合父母与疑似被拐孩子的 DNA（脱氧核糖核酸）鉴定技术，可以近乎 100% 确定两者是否有血缘关系。据报道，目前犯罪分子采取盗窃、抢夺、拐骗等方式实施的拐卖儿童案件全国年发案只有几十起，基本上实现了现行案件快侦快破。那些离现在比较久远的拐卖儿童积案，受限于当时的技术条件，虽然尚未侦破，但公安机关并没有停止努力，通过建立以人脸识别技术为代表的人工智能技术，结合全国打拐 DNA 信息库，截至 2019 年，共找回被拐多年儿童 6 000 余名。我们的科学家们还在不断优化跨年龄人脸识别模型，即使目前的识别准确率已经很高，但他们还将挑战更大的年龄跨度，期望能找到分别时间更久的孩子，让丢失孩子的家庭破镜重圆。

图 3-58　跨年龄人脸识别

科技以人为本，人脸识别更是应该如此。科技进步让人们的工作、生活更加便捷和高效，但同时也要留意那些不恰当、不正确地使用科技的做法，在人脸识别领域，人脸识别的信息安全同样非常重要。

体验感知

1. 打开搜索引擎，搜索“腾讯AI开放平台—人脸识别”，选择“人脸对比”，上传两张含有人脸的照片，看看相似度有多少。

2. 在上述开放平台中，选择“跨年龄人脸识别”，上传两张同一人不同年龄拍摄的照片，看看相似度有多少。

第4章 会听说的人工智能

导　言

如果说计算机视觉技术让机器可以"看得见"，那么智能语音技术就让机器可以"听得见"和"说得出"。我们知道，听说是人类日常交流所需的基本能力，如果机器拥有了智能语音技术，就可以像人类一样能听会说，具备了与人类对话的前提条件。在这一章，我们将要学习探索人工智能领域中的智能语音技术。

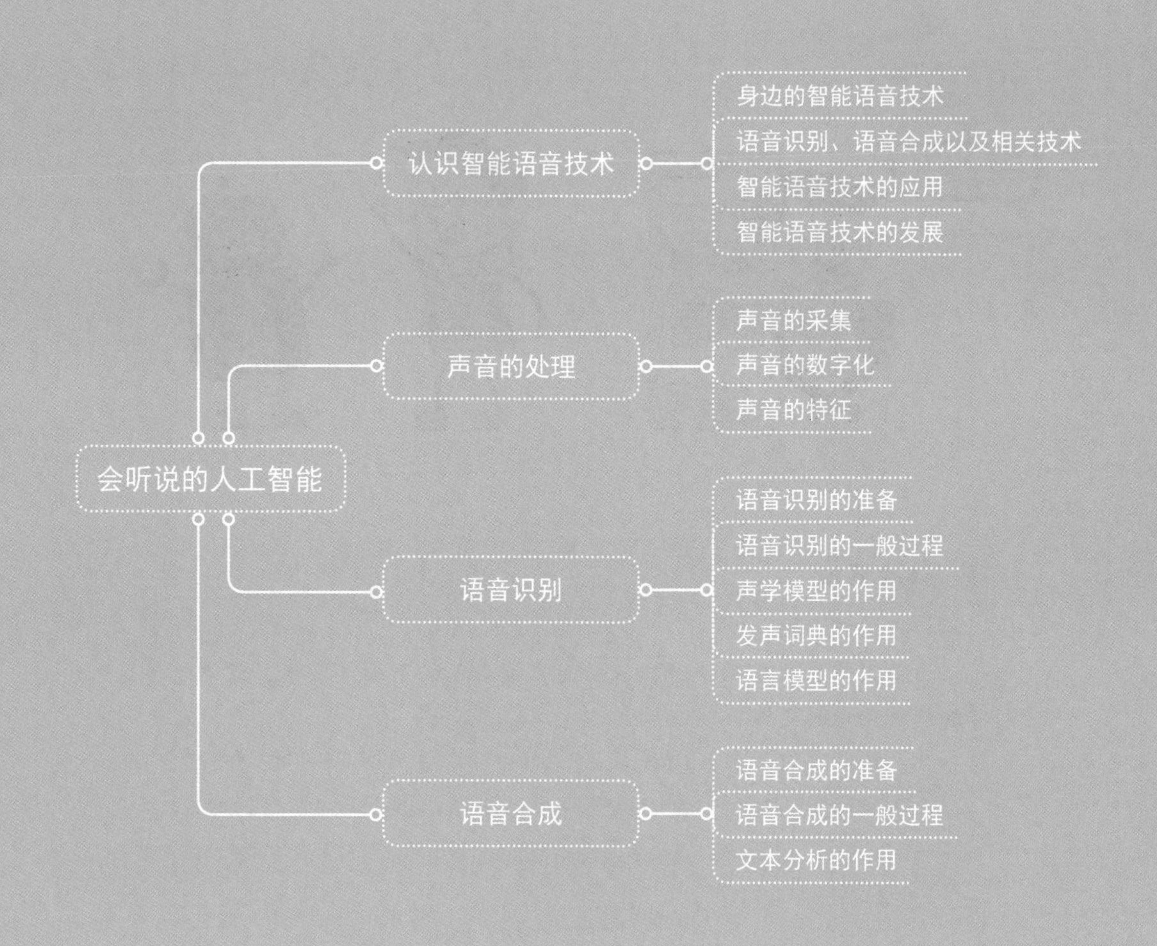

4.1 认识智能语音技术

4.1.1 身边的智能语音技术

早晨起床，你想知道今天的天气怎么样，于是你打开手机的语音助手，轻声问道："今天的天气怎么样？"

"上海市当前天气为晴，气温24度。预计从夜间开始局部多云。到今天夜间，气温将从24度下降到18度。"语音助手很快做出了回答。

在刚才的这个过程中，就用到了智能语音技术（图4-1）。

大致说来，手机通过语音识别技术听见了你的问题，结合自然语言处理技术和相关应用程序，理解了你的问题并找到了问题答案，再通过语音合成技术把答案说给你听。

这里的语音识别技术、语音合成技术都属于智能语音技术（图4-2）。

图4-1 语音助手播报天气

图4-2 智能语音技术

体验感知

1. 体验语音输入

请使用输入法中的语音输入功能，试着朗读下面这段话，看看能不能把语音转换成正确的文字。

2020年，在世界人工智能大会云端峰会期间，共青团上海市委举办了青少年人工智能创新发展论坛，将专业性与青少年发展相结合，邀请国内外人工智能及教育领域专家，共话人工智能与青少年成长的新变化和新趋势，开启青少年拥抱和融入人工智能新时代的新篇章。

2. 体验“听歌识曲”

请播放一段歌曲，使用微信“摇一摇”中的“歌曲”功能，看看能不能识别出这首歌曲的名称。

3. 体验语音合成

请打开搜索引擎，搜索“讯飞开放平台—在线语音合成”，试着输入一些文字，看看能不能把文字正确地朗读出来。

思考探索

在生活中，还有哪些地方用到了智能语音技术呢？能不能举几个例子？

4.1.2　语音识别、语音合成以及相关技术

语音识别技术是一种可以让机器“听得见”的技术，可以把我们说的话转变成文字，方便机器去理解（图 4-3）。不过，在开始语音识别前，需要先对声音进行采集和数字化处理，这些我们会在下一节具体介绍。

语音合成技术是一种可以让机器“说得出”的技术，可以把文字转变成语音（图 4-4）。

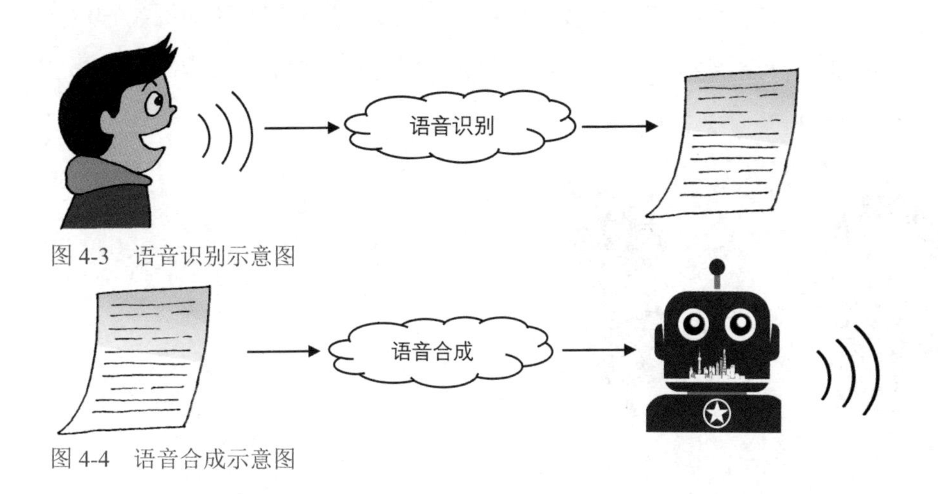

图 4-3　语音识别示意图

图 4-4　语音合成示意图

是不是机器有了语音识别和语音合成技术，能听会说，就可以和我们语音对话了呢？可能还不行，因为“听得见”不代表听得懂，“说得出”也不代表知道说什么。所以，在使用语音识别技术获取对话中的问题文字后，还需要运用自然语言处理技术（图 4-5），对问题文字加以理解，并生成应答文字，再使用语音合成技术把应答文字说出来，才能真正实现和我们的对话，做到既“听得见”又“听得懂”，既“说得出”又“说得对”。

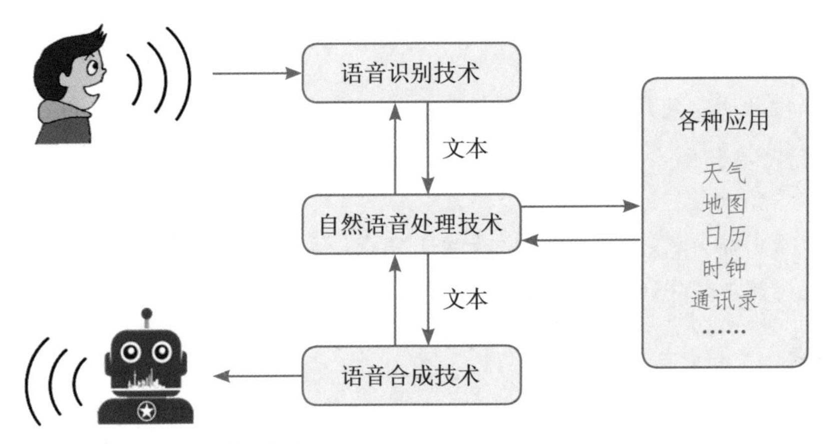

图 4-5 人机语音对话示意图

不过机器和人类一样，也需要不断进行学习。我们可以回想一下自己刚进幼儿园时的情景，那时的我们也能听会说，也能和别人对话，但似乎交流还是有些问题，有时听不懂别人的话，有时说不清想表达的意思。随着在幼儿园、小学、中学的不断学习，我们的语言能力也不断提升，能够听懂的越来越多，也能够说得越来越好。

拥有人工智能的机器也需要通过机器学习等技术不断地学习（图 4-6），提高语音识别、自然语言处理、语音合成的能力，做到听得更清、理解得更好、说得更明白。

图 4-6 机器学习

4.1.3 智能语音技术的应用

目前，智能语音技术在我们的日常学习生活中得到了广泛的应用，前面说到的语音助手就出现在智能手机、智能音箱、平板电脑等许多地方，我们可以用说话的方式查询天气、设置闹钟，甚至和它聊天逗趣。当然除了语音助手，智能语音技术还经常被应用于下面这些场景。

1. 语音翻译

语音翻译即口译，把一种语言的口语翻译成另一种语言的口语。在许多国际会议上经常需要进行多种语言之间的口语即时翻译（图 4-7）。

2. 语音输入

语音输入即用说话的方式来输入文字。相比传统的拼音、笔画等输入法，可以减少对键盘（按键）的使用，提高输入速度，更加简单和方便（图 4-8）。

3. 语音控制

语音控制即用语音发出命令，控制各种设备做出反应。比如智能家居中用到的语音开关电视、调整空调温度、拉合窗帘等（图 4-9）。

4. 语音客服

语音客服接替人工客服完成接听电话的工作，协助顾客完成业务查询、业务办理等需求，减少人工客服的工作量，并可以 24 小时不间断地提供服务（图 4-10）。

图 4-7　语音翻译

图 4-8　语音输入

图 4-9　语音控制

图 4-10　语音客服

思考探索

你在使用含有智能语音技术的应用时遇到过问题吗？有没有解决的办法？

知识拓展

全球首支人工智能合作歌曲《智联家园》

在2020年7月9日的世界人工智能大会开幕式上，由小冰、小度、小爱、泠鸢yousa这四位特殊的人工智能表演者，带来了她们为本届大会原创的主题曲《智联家园》。这是全球第一首人工智能机器人自己作曲、自己合唱的歌曲，其中大量运用了智能语音技术。请使用搜索引擎搜索关键词“智联家园MV”，欣赏这首歌曲。

4.1.4 智能语音技术的发展

以语音识别技术、语音合成技术为代表的智能语音技术经历了数十年发展，特别在近年随着深度学习的应用，智能语音技术相比之前更加成熟了。

1939年，根据共振峰原理研制了世界上第一个电子语音合成器。

1952年，研制了世界上第一个能识别10个英文数字发音的实验系统。

1980年，使用混合共振峰技术研制的语音合成器可模拟出不同的嗓音。

1986年3月，中国“国家高技术研究发展计划”（863计划）启动，我国的语音识别、语音合成等技术得到了更多的支持和更好的发展。

1987年，开发出世界上第一个“非特定人连续语音识别系统”，大大提升了语音识别准确率。

1997年，出现了首款语音听写系统ViaVoice。

2002年，中国科学院自动化研究所推出了Pattek ASR语音识别产品。

2011年，深度神经网络技术被应用在语音识别领域；同年，智能手机上开始出现语音助手。

2014年，出现了智能音箱产品。

2016年，中国高科技企业的语音识别准确率达到了97%。

2020年，第一首人工智能自己作曲、自己合唱的歌曲诞生。

今天，智能语音技术进入教育、医疗、交通、金融、工业、城市管理与商业等领域的多个应用场景，开启了人机交互的新篇章。

动手实践

请使用图形化编程软件，加载人工智能相关模块，编写相应的程序，试着和计算机进行语音对话。

4.2　声音的处理

4.2.1　声音的采集

我们知道声音是通过物体振动产生的，且需要通过介质才能传播，而空气就是最常见的一种介质。那么声音在传播的过程中，怎么把它采集起来并进行保存呢？首先需要用到的是麦克风，也就是我们平时说的话筒(图 4-11)。

不同类型麦克风的工作原理是不一样的，但基本的用途都是将传入的声音转化成电信号，只是转化的方式各不相同（图 4-12）。

图 4-11　话筒

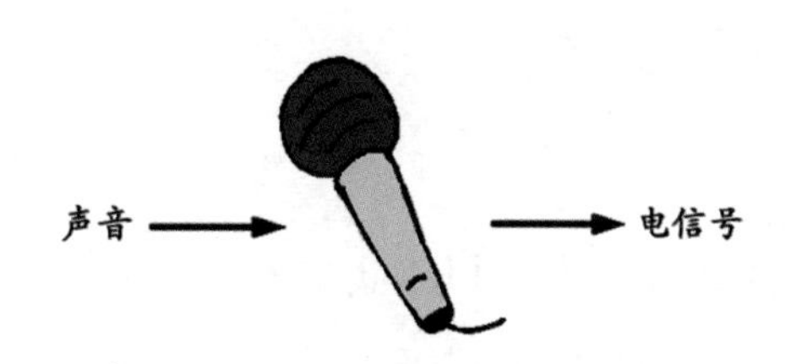

图 4-12　声音转化成电信号示意图

知识拓展

两种不同类型的麦克风

（1）动圈麦克风（图 4-13）

工作原理：麦克风的振膜带动线圈振动，切割磁感线产生电信号。

使用特点：结构简单，对使用环境的静音要求不是很高。

（2）电容麦克风（图 4-14）

工作原理：麦克风的振膜振动引起电容容量的变化，从而形成电信号。

使用特点：灵敏度较高，音色细腻，要求在静音环境中使用。

图 4-13　动圈麦克风

图 4-14　电容麦克风

4.2.2 声音的数字化

声音经过麦克风转化成电信号以后，可以再经过简单处理，用模拟信号的方式保存起来，就像普通的磁带一样。或者可以经过一定处理，进一步转化为数字信号，供计算机处理使用，这个过程就称为声音的数字化。

为什么计算机处理声音，需要先对它进行数字化呢？

这和计算机的工作原理有关，它的“大脑”——中央处理器（CPU）目前主要是由大规模集成电路构成的。我们知道对于电路来说，只有“断开”和“闭合”两种状态，可以分别用“0”和“1”来代表。因此，在计算机中处理的信息都采用二进制的0和1来表示，声音信息也不例外。

怎样才能将声音数字化呢？一般来说，声音信号的数字化过程需要经历采样和量化。

1. 采样

经过麦克风采集的声音，转化成的电信号是一种连续变化的模拟信号，如果用图的方式来表示的话，可以把它想象成一条曲线，就像图4-15一样。

这条曲线可以理解成是由许许多多个点组成的，每个点的信息都记录着当前时间声音振动的幅度，那么我们是不是要把所有点的信息都保存下来呢？当然不用。

就像称体重一样，虽然我们的体重一直在变化，但只要定期去称，比如每天称一次，或者每周称一次，就能反映出体重的变化。所以，只要每间隔一定的时间（采样周期），把曲线上对应点的信息保存下来，也就是进行一次声音电信号的采集就可以了，就像图4-16一样，这个过程叫作声音的采样。

当然，每次采样间隔的时间越短，单位时间内采样的次数（采样频率）也就越多，采集到的声音电信号也就越接近真实的声音信号。

2. 量化

经过采样，得到了若干个采样点（红点表示）的信息，每个点记录的声音幅度都来自模拟的电信号，是一个比较精确的值。这些值各不相同，给之后的处理带来了困难，可以用类似“四舍五入”的办法，就像图4-17一样，得到新的一组值（绿点表示），这个过程叫作声音的量化。

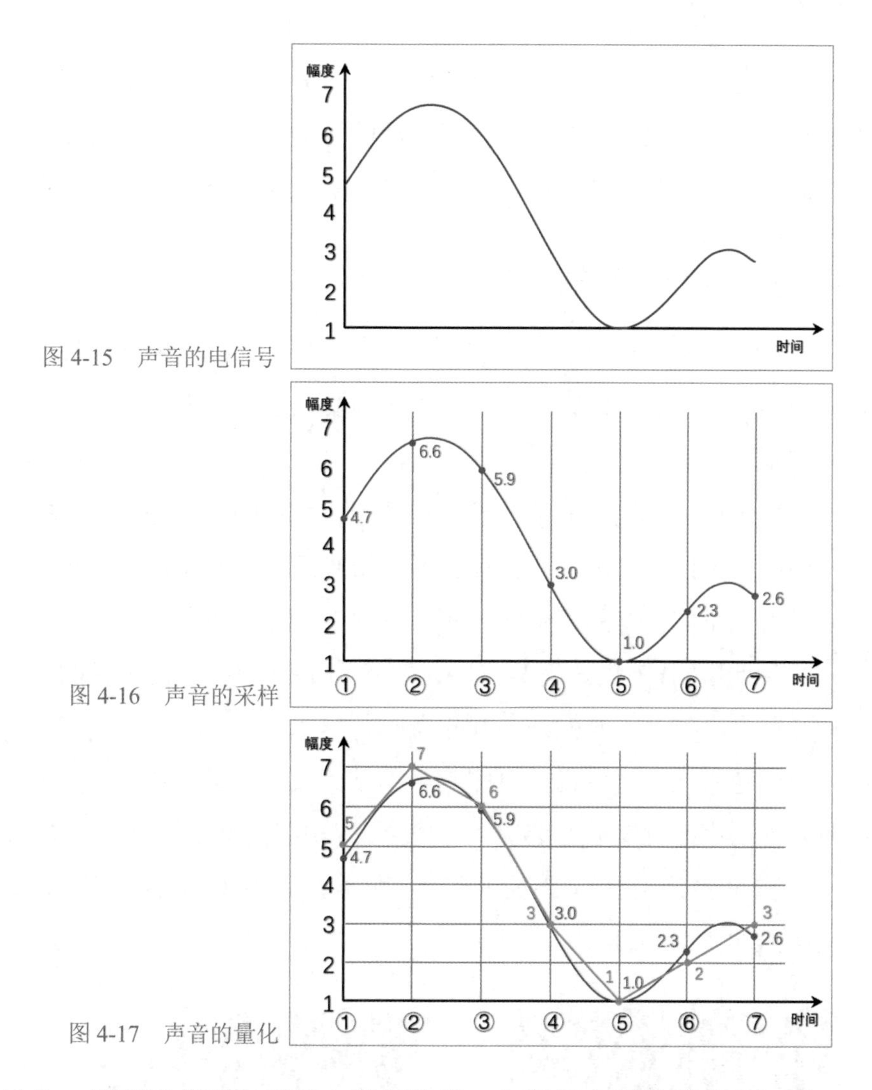

图 4-15　声音的电信号

图 4-16　声音的采样

图 4-17　声音的量化

经过量化，得到了若干个采样点的新数值，如果用表格的形式来记录，就像表 4-1 一样。

这里的新数值是用十进制来表示的，正如我们之前所说的那样，计算机只能处理用二进制 0 和 1 表示的信息，所以需要把这些十进制数转化为二进制数来记录，就类似表 4-2 一样。

表 4-1　采样点的新数值（十进制）

采样点	①	②	③	④	⑤	⑥	⑦
新数值（十进制）	5	7	6	3	1	2	3

表 4-2　采样点的新数值（二进制）

采样点	①	②	③	④	⑤	⑥	⑦
新数值（二进制）	101	111	110	011	001	010	011

到这里，声音经过麦克风转化成的电信号，经历了采样、量化等数字化过程，就转变成计算机可以直接处理的数字信号了。当然实际的整个过程比上面说的要复杂得多，这里为了方便大家理解，做了一定程度的简化。

4.2.3 声音的特征

声音转变成计算机可以直接处理的 0 和 1 这样的数字信号后，为了方便人们在计算机上对声音数字信号进行观察和编辑，大多用波形和频谱的方式来表示。

不同的人说同样的话，发同样的音，声音的波形是不一样的，这是因为不同的人说话，发出的声音有着不同的特征（图 4-18，图 4-19）。

音量不同，有的声音响一些，有的声音轻一些。

音调不同，有的声音高一些，有的声音低一些。我们常说的“女高音”“男低音”歌唱家，指的就是音调的高低。

音色不同，俗话说“只闻其声不见其人”，讲的就是虽然没看到人，但听到他的声音就知道是谁了。这里辨识人声主要就是通过声音的音色。

这里要注意的是波形图无法表示音色特征，需要频谱图才能实现（图 4-20，图 4-21）。

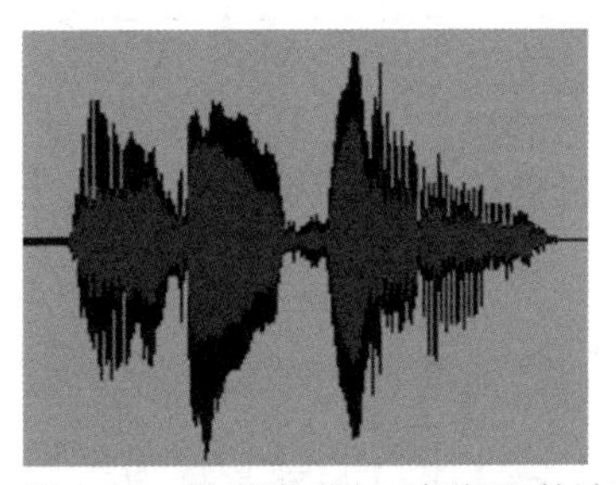

图 4-18 男声读“人工智能”的波形图

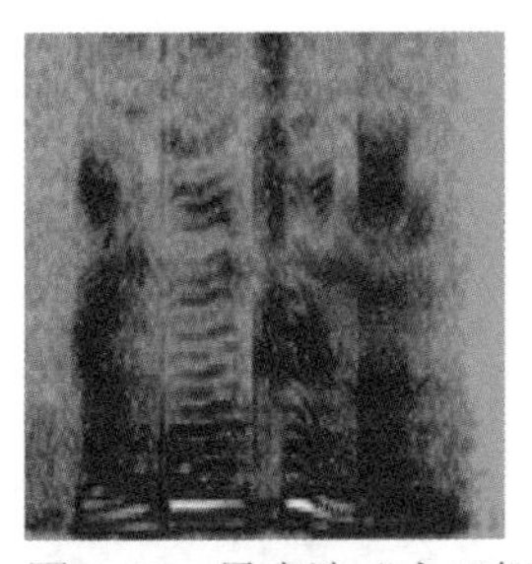

图 4-20 男声读“人工智能”的频谱图

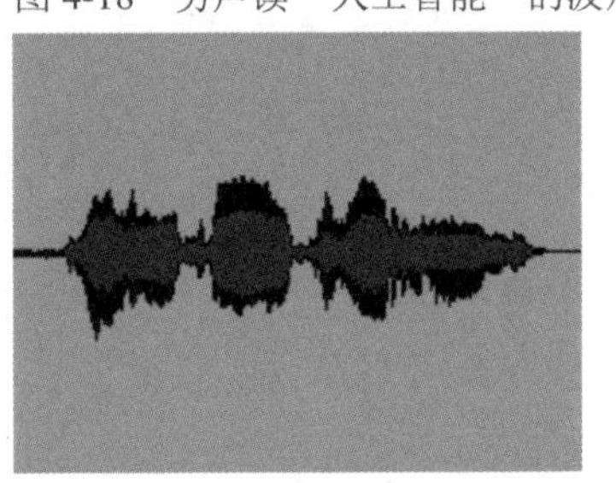

图 4-19 女声读“人工智能”的波形图

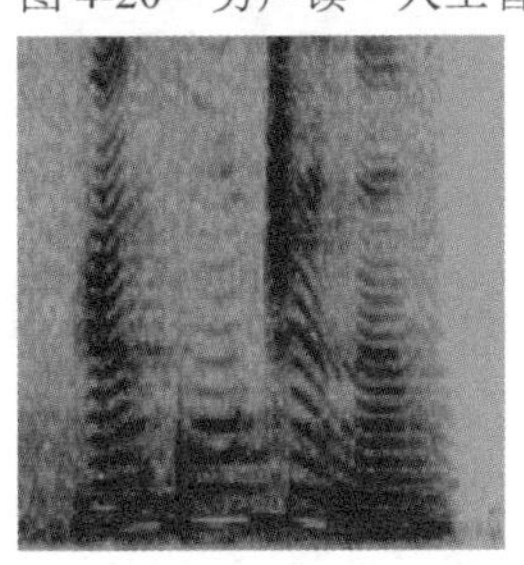

图 4-21 女声读“人工智能”的频谱图

知识拓展

二进制

我们平时在数学中使用的是十进制，每个数位上最大是9，逢10就要进1位。什么是二进制呢？简单来说，二进制中每个数位上最大是1，逢2就要进1位，所以在二进制中只有0和1两个数字。电子电路中只有“断开”和“闭合”这两种状态，正好可以分别用0和1来代表，所以计算机和许多电子设备里都用到了二进制。

现代的二进制记数系统是由德国著名的哲学家、数学家戈特弗里德·莱布尼茨于1679年设计。其实与二进制相关的系统在古埃及、中国和古印度的文化中也有出现，尤其是中国的《易经》给了莱布尼茨更多的联想。

思考探索

有什么办法可以把一个十进制数转化成二进制数呢？

知识拓展

音量、音调和音色

音量，又叫响度。音量大小一般和产生声音的物体的振动幅度有关，振动幅度越大，音量就越大；振动幅度越小，音量就越小。一般用分贝（dB）来记录音量的大小。

音调高低一般和产生声音的物体的振动快慢有关。振动越快，音调就越高；振动越慢，音调就越低。

音色，又叫音品。音色反映的是声音的品质和特色，不同物体（包括人的声带）产生的声音音色是不同的，因此我们可以辨别不同的人讲话的声音。

体验感知

使用音频编辑软件录制一段语音，观察波形并试着编辑波形，听听会有什么变化。

4.3 语音识别

4.3.1 语音识别的准备

语音识别技术是一种让机器“听得见”的技术，可以把我们说的话转变成文字，这究竟是怎么实现的呢？其实方法有很多，其中经典的语音识别算法是由声学模型、语言模型和发声词典组成的。我们就以它为例，来看看说话的语音是怎么一步步变成文本文字的。

在进行识别之前需要先做一些准备工作。

首先用大量声音数据训练一个声学模型，以用来将声音转换为声学符号（图 4-22）。

接着用大量文本数据训练一个语言模型，为声学符号找到可能的文字表达（图 4-23）。

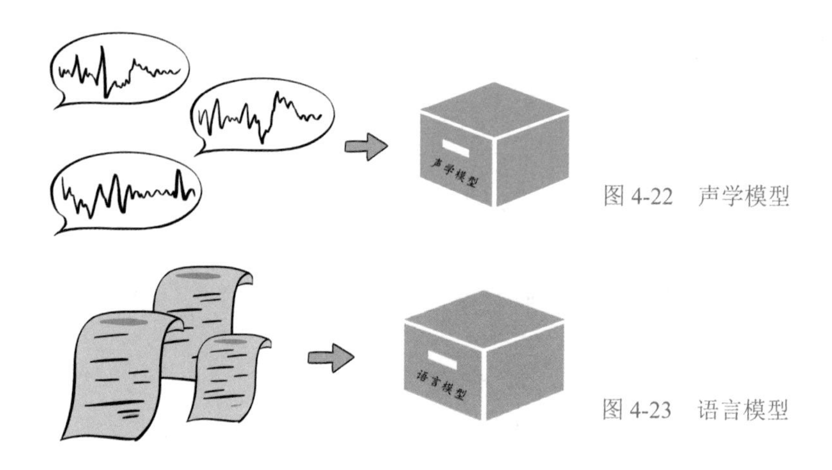

图 4-22 声学模型

图 4-23 语言模型

4.3.2 语音识别的一般过程

比如把“人工智能”这四个字读音的波形图放大，如图 4-24 所示。由于太长，这里只截取显示了一部分。

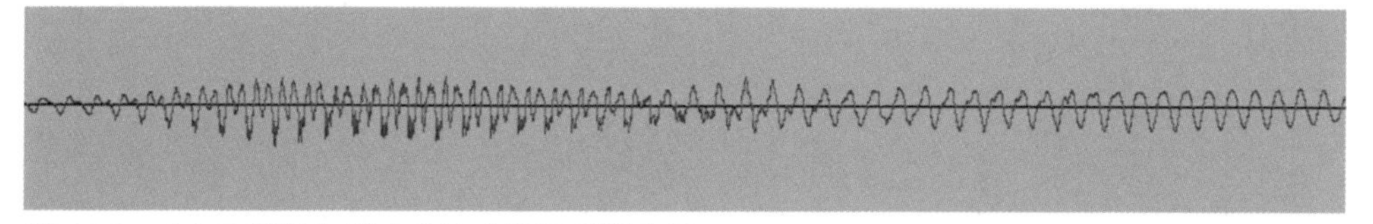

图 4-24 “人工智能”四个字读音的波形图片段

在开始语音识别之前，需要将波形进行一些预处理。比如录音时的环境噪声、没说话时的空白静音等多余的信息，预处理就是要把这些信息剔除，方便接下来的特征提取等操作。得到预处理好的声音后，就可以开始声学特征提取了，如提取梅尔频率倒谱系数（MFCC）、感知线性预测（PLP）。

不过在这之前我们先要知道，语言由单词组成、单词由音素组成。因此对音素的识别可以说是语音识别技术的关键。

知识拓展

音　素

世界上人类的语言有很多种，发音也各不相同，但无论哪种语言，都可以根据语音的自然属性划分成一个个最小的语音单位——音素。以汉语为例，“人工智能”四个字可以划分成“r，e，n，g，o，ng，zh，i，n，e，ng”这些音素。

了解了什么是音素，接着我们来看语音识别的一般过程。

第一步：对声音进行分帧，也就是把声音切分成一小段、一小段……每小段称为一帧（图 4-25）。分帧的操作并不是简单地切开，而是按照一定的时间间隔，切割成彼此重叠的帧。

第二步：通过声学模型，将这些帧识别成对应的语音状态，也就是用帧组成状态。这里所说的状态，可以理解成比音素更细致的语音单位。到底多少帧对应一个语音状态呢，由于每个人的音量、音调、音色都不同，因此，把帧识别成状态是语音识别技术中的一个难点。这里我们介绍一个简单的方法，就是通过训练好的声学模型去判定，看哪些帧对应某个状态的概率最大，那么这些帧就属于某个状态。

第三步：用状态组成音素。一般用三个状态组合成一个音素（图 4-26）。

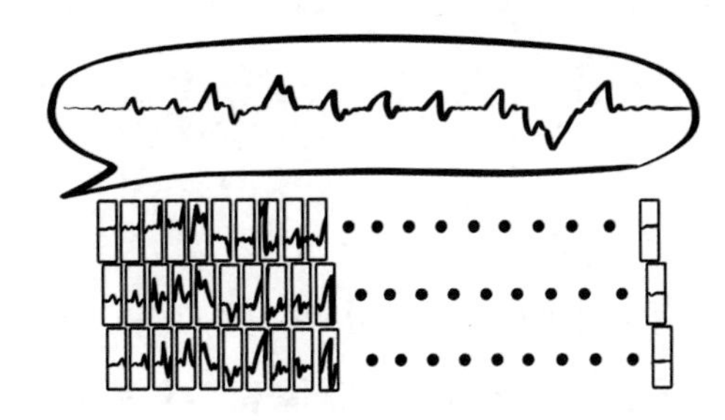

图 4-25　分帧的过程

图 4-26　把帧识别成状态，用状态组成音素

第四步：把音素组合成单词。在这个过程中，声学模型仍然非常重要，它能找到音素最可能的声学符号表达（如汉语拼音），结合发声词典，将声学符号与语言模型中最有可能的文字表达相对应，就能将声音转换成文字（图4-27）。

综上所述，语音识别的一般过程如图 4-28 所示。

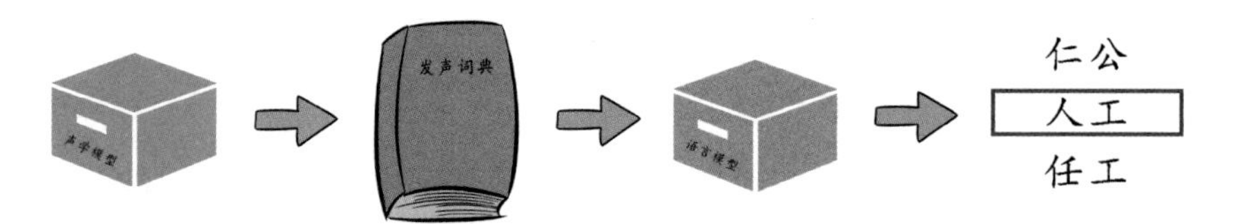

图 4-27　把音素组合成单词

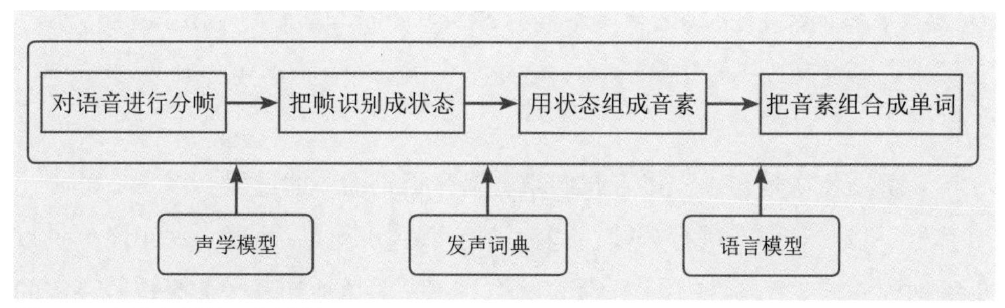

图 4-28　语音识别的一般过程

4.3.3　声学模型的作用

声学模型的主要作用就是把语音分成的帧识别成对应的状态，把状态组成音素，将音素对应到最有可能的声学符号表达（这里需要用到发声词典）。

声学模型是怎么做到这些的呢？这个过程很复杂，可以简单理解为通过大量的语音数据来训练声学模型，从而更好地完成这些任务。

训练声学模型的方法也有很多，传统的方法主要是采用混合高斯模型的隐马尔科夫模型（GMM-HMM），现在的方法则是使用深度神经网络的隐马尔科夫模型（DNN-HMM）。

4.3.4　发声词典的作用

发声词典也叫发音字典，不同的语言有着不同的发声词典。例如汉语普通话的发声词典，里面写的是汉语拼音与汉字的对应情况，就像表 4-3 一样，而英语的发声词典里就是音标与单词的对应情况。还是以汉语普通话为例，发声词典的主要作用是根据声学模型识别出来的音素，找到对应的汉语拼音和相应的汉字（词），在声学模型和语言模型中间建立连接，把两者联系起来。

表 4-3　汉语普通话发声词典示例

字　词	发　音
一	yi1
一下	yi2 xia4
一下子	yi2 xia4 zi5
……	……

知识拓展

声音的频段

人耳能接收到的声音频率在 20 ～ 20 000 赫兹（Hz），人们说话产生的语音频率在 80 ～ 12 000 赫兹 。所谓频段就是按声音的频率分成几个区段，不同频段的声音给人们的感受也是不一样的。

（1）20 ～ 60 赫兹。提升这一频段可以给人声音很响的感觉，让音乐强有力，但如果提升太多，会造成声音浑浊不清的感觉。

（2）60 ～ 250 赫兹 。这一频段是音乐的低频结构，它和中高音的比例构成了音色结构的平衡性。提升这一频段可以让声音感觉更丰满，但提升太多，则会发出隆隆声。

（3）250 ～ 4 000 赫兹 。这一频段是大多数乐器的低频谐波，还影响着人的语音和乐器等声音的清晰度。人耳对这一频段比较敏感，所以一般不调节，否则容易产生失真等各种问题。

（4）4 000 ～ 5 000 赫兹。这一频段影响着声音的距离感，提升这一频段会让人感觉与声音的来源更近；反之，则会让人感觉更远。

（5）6 000 ～ 16 000 赫兹。这一频段影响着音色的洪亮度和清晰度，提升这一频段会让声音更加洪亮但不清晰；反之，则会让声音更加清晰但显得单薄。这一频段适合还原人的语音。

知识拓展

语音识别技术的三种分类

按语音识别的连续与否进行分类，可以分为孤立字词的识别和连续语音的识别。前者就是识别单独的一个个字或词，单字词的发音相对独立不受影响。后者就是对连续的语音进行识别，形成语句，一般需要发声词典，用来反映声学符号（如汉语拼音）和词之间的对应关系，还需要语言模型，用来反映词和词之间的正确关系。

按距离麦克风的远近进行分类，可以分为近场识别和远场识别。前者指的是说话的时候需要离麦克风比较近，这样才能被识别，手机、平板电脑中的智能语音助手都采用了近场语音识别。后者指的是说话的时候即使离麦克风很远，也一样能被识别，智能音箱使用的就是远场语音识别。

按说话人的语音特征进行识别，也就是我们常说的声纹识别。我们每个人的说话语音其实都有着不同的特征，就和手指指纹、眼睛虹膜一样，都具有独特性，可以用它们来识别讲话的人，作为身份验证的一种方法。

思考探索

1. 在生活中，还有哪些地方用到了语音合成技术呢？能不能举几个例子？

2. 语音合成技术在给我们的学习生活带来便利的同时，有没有需要注意的问题？

4.3.5 语言模型的作用

汉语博大精深，相同的读音会有很多不同的字和词，那么怎么知道究竟哪个字词是正确的呢？

就拿“r e n g o ng”为例，经过声学模型和发声词典的匹配后，可能得到同音的词语有仁公、人工、任工。

例如在“这是一种人工打标签的方法”的语音中，机器该选哪个词语呢？这些词语在我们看来，很容易挑出正确的答案，但对机器来说却没有什么差别，这时就需要语言模型的帮助。它的主要作用就是从这些同音字词中，根据人们的语言习惯，筛选出最符合语句原本意思的字词，再将字词组合成句子。

知识拓展

循环神经网络

循环神经网络（Recurrent Neural Network，RNN）是神经网络的一种，与传统的神经网络相比，每层的神经元之间也会有连接，这样的结构对处理序列化的数据很有优势。对一个序列而言，当前的输出与前面的输出有关，而语音识别时讲话的语音就是有时间序列的数据，往往前面的话和后面的话是有关联的，也就是我们平时说的联系上下文，所以运用循环神经网络对语音数据和文本数据进行学习训练，生成声学模型和语言模型，就可以对输入的语音进行很好的识别。

知识拓展

音素的划分

如果我们根据语音的自然属性对一句语音进行划分，那么分出来的最小的语音单位，就是音素。从发音动作上来说，一般一个发音动作形成一个音素，比如 mi 包含了 m 和 i 两个发音动作，所以是两个音素。另外，同一音素的发音动作相同，不同音素的发音动作不同，比如 mi-ma，当中的两个 m 是同一音素，发音动作相同，而 i 和 a 是不同的音素，所以发音动作也不同。人们通常就是根据发音动作来对音素进行分析的。

动手实践

请使用图形化编程软件，加载语音识别模块，编写相应的程序，看看能不能识别出你讲的话，并试着用语音的方式控制对象的动作。

4.4　语音合成

4.4.1　语音合成的准备

语音合成技术是一种让机器"说得出"的技术，可以把文字转变成语音，听上去好像和语音识别正好相反，那么语音合成是不是只要把语音识别的过程反过来就可以了呢？有那么点意思，但可能还是有些不一样（图 4-29）。

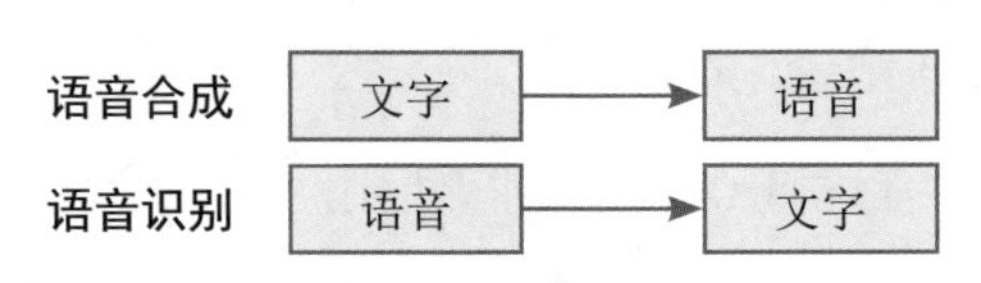

图 4-29　语音识别与语音合成

在语音识别之前需要做一些准备工作，在语音合成之前同样需要做一些准备工作。例如录制一些语音作为语音库，为了能够覆盖语言中的各个音素与各种音调等，录制的内容一般需要经过专门设计，而根据合成声音的不同方法，语音库的大小也不相同，从数小时到数百小时不等。

4.4.2 语音合成的一般过程

语音合成的一般过程可以分为以下两步。

第一步：预测文本的读音。我们人在朗读文本的时候，会对文本进行分析，比如声调是什么样的，怎么分词，重音在哪里，节奏怎么样等。机器在语音合成时，首先要做的也是分析文本，这样才可能让生成的语音更加自然，这里一般需要用到自然语言处理技术。在完成文本分析等工作后，再把需要合成语音的文本信息转换成音素序列（图 4-30）。

第二步：合成声音。完成这一步的方法有很多，这里简单介绍其中的两种。一种方法是波形拼接法（图 4-31），顾名思义，这是一种把声音波形拼接在一起，形成所需语音的方法。具体说来，就是根据之前第一步形成的音素信息，到语音库中寻找与之匹配的声音，进行必要的调整后，把这些声音波形拼接起来，完成声音的合成。

学 习 人 工 智 能 非 常 快 乐

x u e x i | r e n g o n g z h i n e n g | f e i c h a n g | k u a i l e

图 4-30 预测文本的读音

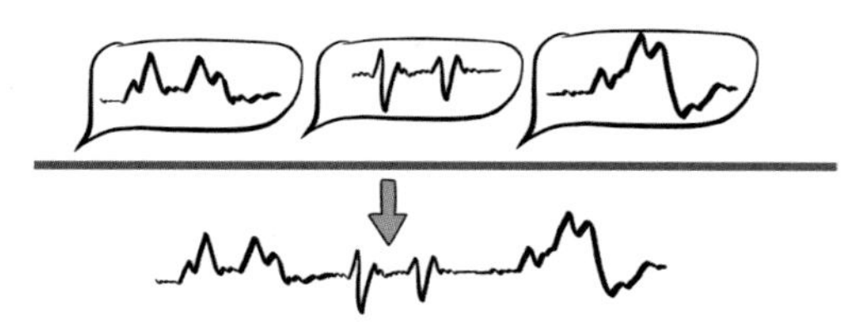

图 4-31 波形拼接法

另一种方法是统计参数合成法，它会根据之前第一步形成的音素信息，先将其转换成连续的语音参数，然后结合从语音库中提取到的声音特征，运用相关算法生成相应的语音。

这两种方法各有优缺点，在实际使用时往往会将两者相结合，可以达到更好的合成效果。

以上这些是传统的语音合成的一般过程，随着机器深度学习技术的发展，端到端的语音合成技术日趋成熟。所谓端到端，指的就是只要一端输入文本，另一端就可以直接输出语音，在中间过程中使用深度学习技术对声学模型进行训练和应用。现在这种端到端的语音合成技术在输出语音的自然度和表现力方面更加优秀，逐渐成为主流的语音合成方法（图 4-32）。

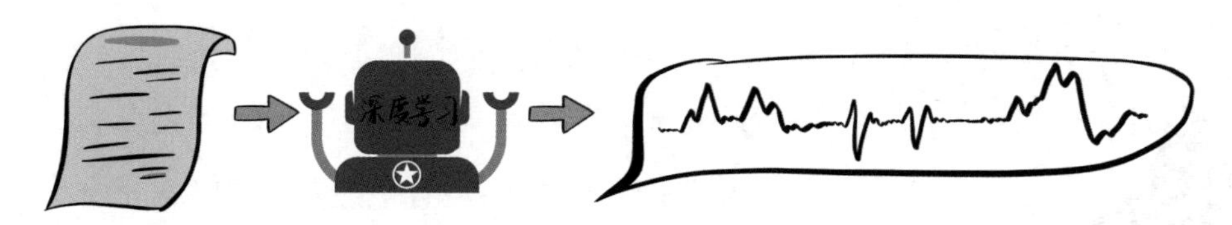

图 4-32　语音合成

思考探索

在一些地图 App 里，可以听到某些明星的语音导航。他们说的话都是事先录好的，还是语音合成的呢？

其实都有。像“左转”“右转”“掉头”等这些较短的语句通常都是真人提前录好的，而像“在前方第二个出口驶出环岛，进入汉中路”这样的关键信息经常变化的长句则都是语音合成的（图 4-33）。

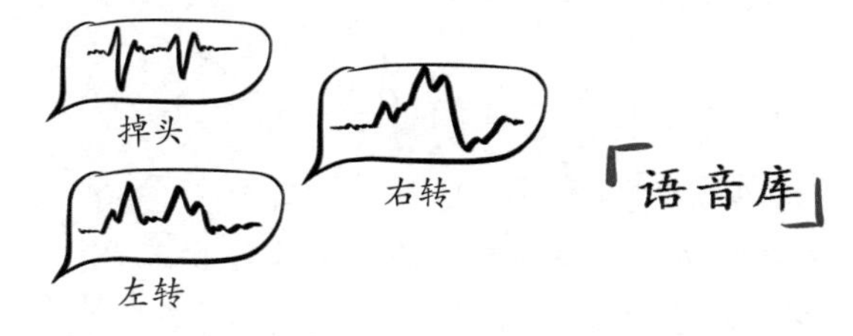

图 4-33　语音库

4.4.3　文本分析的作用

在语音合成过程中想要预测文本的读音，就必须要进行文本分析。“文本分析”到底分析些什么呢？简单来说，它的主要工作就是对文本进行分词和标注。

什么是分词呢？以汉语为例，在日常交流中，一句话一般由若干个字和词语构成，我们在读的时候，会自然地根据词语在句子中的含义进行切分，比如“这是人民广场”，我们一般会切分成“这是 / 人民广场”，而不会切分成“这是 / 人民 / 广场”。但是对机器来说，中文语句是由许多个单字或词语组成的，字词之间的分割并不是很明显，就像刚才的“人民广场”，切分成“人民”和“广场”似乎也没有错，却是不合适的。

图 4-34 分词

中文分词是非常复杂的，如果再考虑一些特别的语句，可能就会更难了。比如：“上海人真多”，如果切分成“上海 / 人真多”或“上海人 / 真多”，表达的意思就完全不同了（图 4-34）。

标注指的是对分好的字词信息进行标示，比如声调是几声，重音在哪里，有没有停顿等。

思考探索

在语音识别的过程中，需要对声学模型进行训练。在语音合成的过程中，需要对声学模型进行训练吗？如果需要，训练的过程一样吗？

知识拓展

语音合成技术的其他方法

常见的语音合成技术方法除参数合成法和波形拼接法以外，还有以下三种。

（1）共振峰合成法。这是一种使用电路来模拟人的声道模型，由此产生语音的方法。这种方法结构复杂，产生的语音带有比较浓郁的机器感。

（2）发音器官合成法。这是一种按照人的发声器官结构来建立模型，由此产生语音的方法。这种方法目前还在研制阶段，因为人在发声时，对发声器官运动的测评非常困难。

（3）语音转换法。这种语音合成方法，是把讲话人甲的语音转换成具有讲话人乙的语音特征的语音。使用这种语音合成方法，可以让机器模仿他人讲话。

动手实践

1. 请打开搜索引擎，搜索“讯飞开放平台—在线语音合成”，试着输入一些中文、英文、阿拉伯数字，看看能不能把这些混合内容用不同的人声正确地朗读出来。

2. 请使用图形化编程软件，加载语音合成模块，编写相应的程序，看看能不能朗读出你所输入的信息。

第5章 人工智能伦理

导　言

人工智能时代，图像识别、语音识别、无人驾驶、智能机器人等技术已来到人们的生活中。在带来便利的同时，也产生了个人隐私泄露、价值判断模糊、责任义务缺失等问题。人工智能在数据、算法和应用层面存在着伦理风险，我们需要加强应对人工智能应用的风险研判和防范，综合运用技术创新、伦理规范、法律制度等手段方式，实现人机和谐共处。

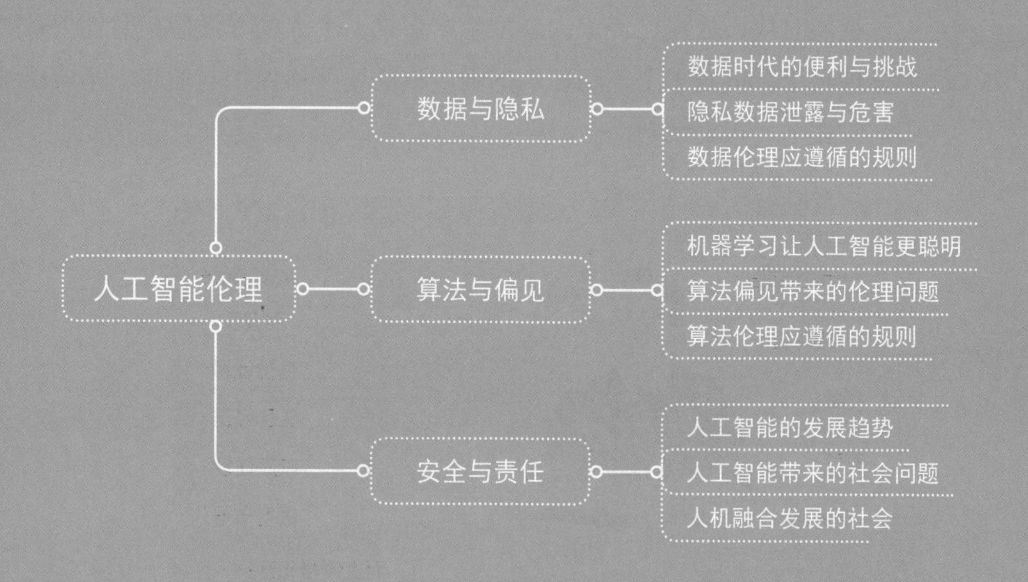

5.1 数据与隐私

5.1.1 数据时代的便利与挑战

人工智能越是“智能”，就越需要获取更多的个人数据信息。今天我们经常要使用手机，在淘宝上购物、发微信朋友圈照片、刷一下抖音小视频，同时也在无时无刻地生产数据，个人的通讯信息、位置信息、身体的各类生物信息被源源不断地收集，储存在网络空间上。

作为不同应用的用户，我们一切行为都是可被记录在案、可分析、可追溯的，这些个人信息应不应该被保存，该被保存在哪里，在数据处理传输的过程中是否安全，采集这些数据后如何去管理使用它，这是都是数字化社会面临的问题。例如发生了棱镜门、脸书用户数据泄露等事件。

我国《民法典》将个人信息分为“私密信息”和“非私密信息”。其中，私密信息既属于个人信息，也属于隐私信息。如个人的健康信息、身份证件号码、个人生物识别信息、银行账号等。但是，自然人的姓名、性别等，则不属于私密信息。如在公司招聘面试时就需要提供这些个人信息，姓名本来就是社会交往中使用的（图 5-1）。

智能时代，数据已经成为新型生产要素。个人的非敏感信息需要被共享和合理利用，但对于个人隐私数据则应该需要严格保护与监管，不应该被某些商家或个人用来牟利。

图 5-1 一般信息与敏感信息

5.1.2 隐私数据泄露与危害

1. 手机中的人工智能

人工智能可以用于拍照加美颜、视频自动加字幕、OCR 文字识别、语言翻译等各个方面，在带来便利的同时也可能正在窃取你的隐私（图 5-2）。

在使用 App 前，大家都需要打开手机“隐私”功能进行通讯录权限、定位权限、麦克风权限等“同意”授权（图 5-3）。这些软件的背后，多数都存在私自收集个人信息、过度索取权限甚至存在“将用户信息私自共享给第三方”的问题。

当我们在浏览某个商品时，购物网站立即会推荐给我们相关的产品。这个现象的背后是一套程序员精心设计的推荐算法，在获取用户的姓名、生日、住址、消费习惯、产品偏好，甚至父母的年薪等，再针对这些个人信息分析整理，根据个人数据给每个用户设立特有的标签，为用户精准“画像”，完成个性化的购物推荐（图 5-4）。

图 5-2 App 窃取隐私

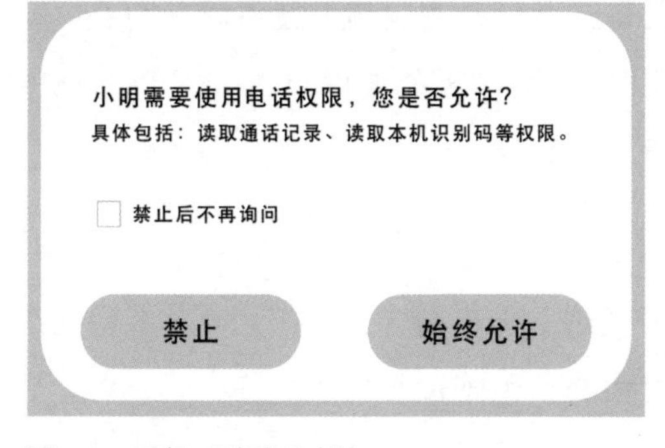

图 5-3 手机“隐私”授权

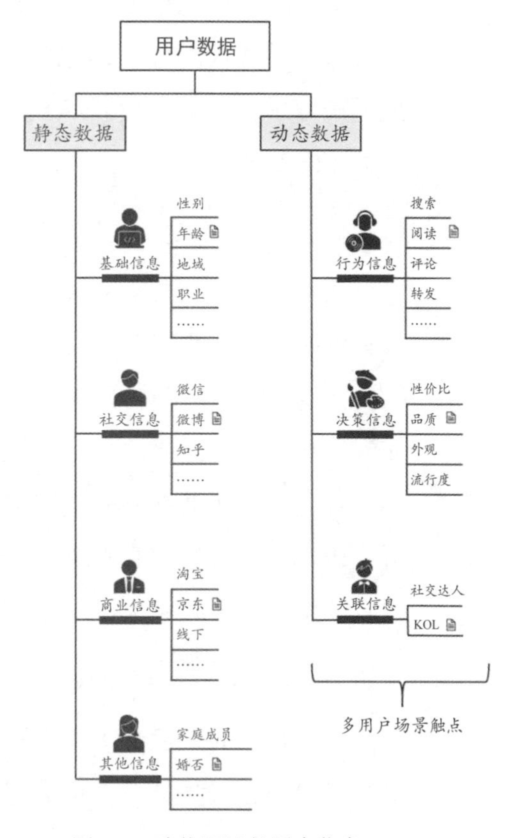

图 5-4 购物网站的用户信息

图 5-5 用户标签

图 5-6 信息泄露的危害

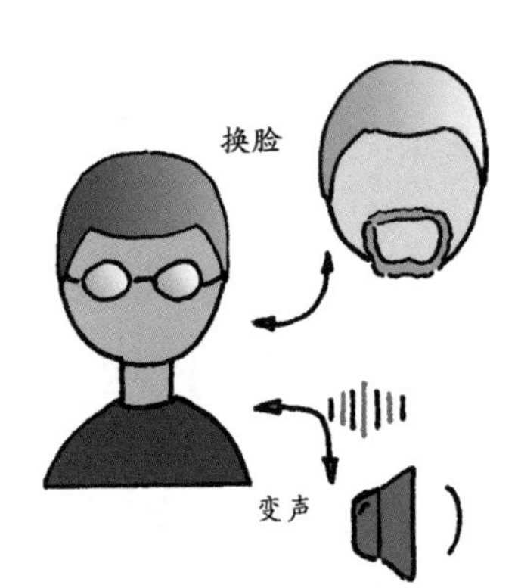

图 5-7 人工智能变脸和变声

当用户浏览了许多关于美食和健康的页面时，就会被打上“吃货”“减肥”等标签（图 5-5），并被推荐相关的广告内容。这些内容不仅在形式上满足用户“懂我”的需求，还能借机谋取利益。

个人隐私信息泄露会带来严重的后果。许多人会经常受到骚扰电话、垃圾短信、垃圾邮件等信息的轰炸。电话会被第三方“监听”、摄像头会被不法分子自动开启进行“偷窥”，用户甚至会面临着网络诈骗和犯罪的风险（图 5-6）。

2. 人工智能语音交互

当下流行的智能音箱正在家中“监听”你的一举一动，自然人的隐私权有可能正在受到伤害。从工作原理上来看，智能音箱收集数据是不可避免的。智能音箱之所以“智能”，是因为其具有自主学习功能。在同用户对话交流和互动的过程中，通过学习海量的数据信息而变得“聪明”。

智能音箱在被唤醒的过程中，只要选择打开麦克风，就可能一直在“窃听”用户说话。它可以收集用户的语音、位置等个人信息，并且将对话的语音信息上传至商家提供的云端服务器上存储。

3. 人工智能变脸和变声

人工智能的天赋在于可识别、可模仿、可再造（图 5-7）。人工智能换脸可以帮助影视演员，将年龄跨度很大的角色塑造得非常完美。

知识拓展

人脸识别的信息安全

人脸识别的信息安全包含两个层面。

第一层面，要学会保护个人人脸信息。

曾有媒体报道，有商家在网络商城上公开兜售“人脸数据”。这十几万条数据的背后是2 000多张人脸，其中有明星、普通市民，还有部分未成年人，这些数据包括带人脸的位置信息，以及人脸的68处特征信息。被采访的当事人不仅对自己的“人脸数据”被出售毫不知情，甚至连自己的面部数据是什么时候被采集的都不清楚。这条新闻不禁使人惊出一身冷汗：如果我的人脸信息被“盗”了怎么办？密码被盗可以重置，可人脸没有办法更换啊！所以，对于我们来说，可以做好以下几条，防止包含生物信息在内的个人隐私泄露。

不随意下载不明用途的应用程序，应该到官方或规模较大的应用商店下载。

不随意授权应用程序的权限申请，同意必须使用的权限，拒绝不需要的权限申请。

不随意使用应用程序的人脸拍照功能，尤其是在需要人脸拍照并且要求上传证件信息时（比如身份证、护照、驾照等）。

不随意使用各种换头、换脸、制作人脸表情包的功能。

不随意答应陌生人合影，照片可能泄露其中的人脸数据信息。

不随意在社交网站上传自己的人脸照片和视频。

第二层面，各大企业在使用人脸识别进行身份认证时，已经意识到人脸信息泄露带来的安全风险，开始在人脸识别中加入人脸活体检测这一关键步骤。

活体检测通常可以有以下几条措施：

当场录制短视频，读出随机字符，确保视频并非事先录制，上传视频进行活体分析，提高抵抗能力。

根据语音提示，完成眨眼、张嘴、摇头、左右转头、上下点头等数种预设动作，抓取多图进行活体判断。

基于结构光成像原理，通过人脸表面反射红外光斑构建深度图像，判断目标是否为活体，可有效防御图片、视频等的攻击。

通过以上两个层面的双管齐下，再结合必要的立法层面来保障公民包括人脸数据在内的个人隐私，一定能更好地做到人脸数据不被盗用、滥用，维护好公民的相关权益。

人工智能变声技术可以用于影视配音工作，为不同年龄、身份的角色配音。人工智能只需几秒钟的音频样本，就可以模仿或者克隆出另一个人的声音。你的声音可以被改变，也就能够被伪造。

人工智能换脸和变声 App 最大的问题在于规模化收集个人的生物信息样本。生物信息样本一旦丢失或泄露，会造成更严重的后果。人脸、声纹等生物信息一般无法更改，一旦泄露而被不法分子获取，就会带来造假和欺诈。

5.1.3 数据伦理应遵循的规则

1. 数据分级健全法规制度

人工智能发展应尊重和保护个人隐私，在国家法律法规层面要明确数据集的主体、使用范围等具体问题，将用户的知情权和选择权交还给用户本人。加强对于个人敏感数据的保护，对于可共享的私人信息实行分级保密处理，促进社会各类数据信息流通和共享，让公共数据有效地赋能各行各业。

2. 有资质机构依法加强监管

对于企业而言用户是弱者，个人数据的使用与监管应该由第三方有资质的机构来依法进行常态化监管，抽查企业在用户数据信息采集、处理、保存、流通、使用过程中的安全性及合规性问题。若其中涉及个人私密信息安全泄密问题，应提起公益诉讼。

思考探索

1. 人工智能时代我们需要什么样的“数据权”？
2. 如何来防护自己的“个人隐私数据”安全？

5.2 算法与偏见

5.2.1 机器学习让人工智能更聪明

机器学习是自动编程，是一种“学习算法”。计算机可以从过去人们的经验，也就是“数据”中进行学习。“学习算法”类似人类的“大脑”，经过训练学习，就可以让机器更“懂你”（图 5-8）。

图 5-8　机器学习

我们已经生活在算法的世界中，算法决策可以辅助人类进行推荐购物、金融投资、医疗诊断、人员招聘、抓捕逃犯、自动驾驶等工作，“算法”已经越来越多地主导人类社会事务。

机器学习需要采用大量的正确样本进行训练，而“算法”所依赖的“大数据集”又都是从社会中提取的，它们往往带有社会固有的不平等以及歧视性信息。工程师在制定“算法规则”时往往会不自觉地渗透自己个人的一些价值观，这样就会带来“算法偏见”的问题。

5.2.2　算法偏见带来的伦理问题

1. 计算数据带有偏见

算法模型是“以数学方式或代码方式来表达的意见”。若计算输出的结果是带有偏见的，那一定有原因。数据集是产生“偏见”的土壤，如果用于机器学习的数据集本身有偏差或缺乏代表性，算法决策也会有失公允（图 5-9）。

2. 算法可能暗藏歧视

“算法中立”是一种理想，算法的背后都存在着设计者的立场与决策。工程师是“算法规则”的制定者，选取什么特征（数据标签），采用哪种模型，嵌入什么样的价值判断，都决定着最终预测的结果。

“大数据杀熟”的戏码，在现代社会中已经是司空见惯了。网络平台会根据以往收集的个人用户身份数据、购物数据、行为数据等给用户“画像”。

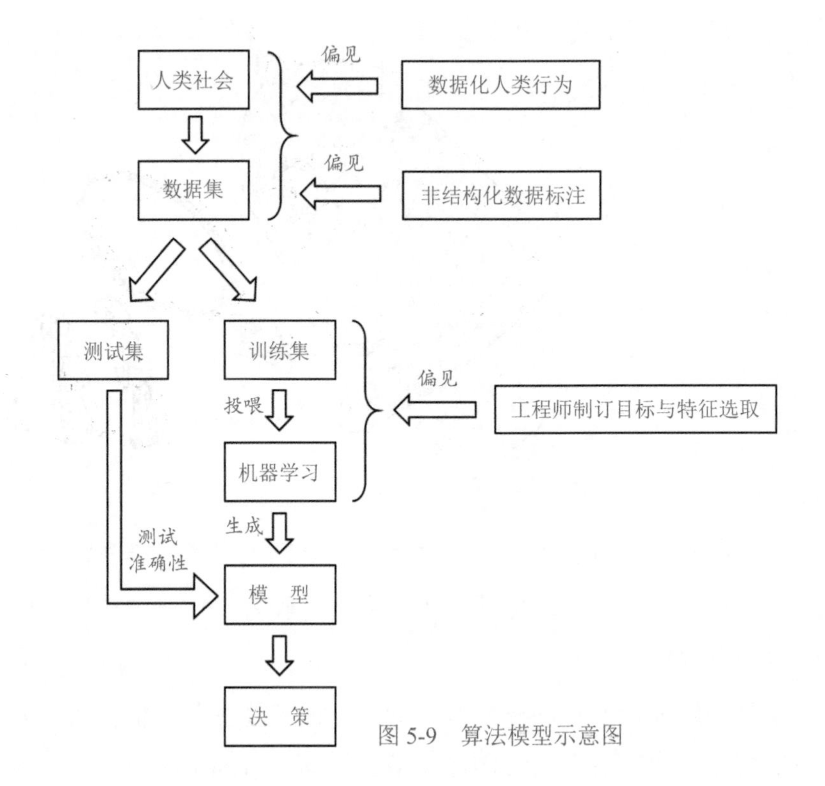

图 5-9 算法模型示意图

利用算法分析出“高消费”人员与“低消费”人员，实施“一人一价”的差异化定价策略，将相同的商品以不同的价格卖给不同的消费者（图 5-10）。程序员所设计的推荐算法应该秉承传统商家的经商之道——“诚信为本，童叟无欺”的伦理规则，然而商家为了“商业利益”，改变了“算法规则”设计，侵害用户的利益。

图 5-10 大数据杀熟

3. 算法决策两难

有一个经典的哲学思想实验“司机的困境”（图 5-11）。实验是这样的，有一辆汽车行驶在下山的坡道上，前方突然出现 1 个人，而车上有 4 个人。在这千钧一发之际，汽车该开向哪一边？

图 5-11　算法决策两难

解决这个问题的“算法”，人类自己也没有想明白，机器又该如何抉择呢？将这一道无解的难题抛给“算法”，希望“算法”能给出一个最适合的答案，显然也是做不到的。人工智能算法决策是个“黑匣子”，我们无法了解决策的过程，只能接受决策的结果。在涉及生命“决策权”的问题上，我们是否已经准备好要将“决策权”拱手交给人工智能呢？

5.2.3　算法伦理应遵循的规则

1. 合理规制公正的数据集

数据偏差是产生“算法偏见”的土壤。要解决这个问题，先要从数据上着手，例如将“大数据”和“小数据”结合，综合分析，确保算法在推导因果关系时的决策准确性。人和人工智能都会犯错，纠偏机制是必需的。可用自主测试数据集来识别其中自带的歧视和偏见，通过重新采样来消除人工智能系统中的数据偏见。

2. 要提升算法的透明度

企业每推出一个人工智能产品都应该经过人工智能道德伦理的审查与监督。程序员要将人类社会伦理、法律道德等嵌入人工智能系统。人工智能要尊重人类文化的多样性，不损害人类的尊严。其中的算法要具有公开性、透明性与可解释性。一旦发生事故，确保人工智能决策过程可追溯，所有决策数据可呈交给法院与专业的第三方评测机构，供评估审议。

思考探索

算法也有偏见，那么我们还需要信任它们吗？

5.3 安全与责任

5.3.1 人工智能的发展趋势

随着人工智能技术的发展，各种类型的机器人都出现了，例如巡逻机器人、扫地机器人、空中飞行机器人、水下潜航机器人、手术机器人、康复机器人、咨询服务机器人、外骨骼机器人、仿生机器人（图 3-5，图 5-12—图 5-14）。机器设备逐渐掌握了会看、会听、会说、会想、会动的本领，越来越“智能化”了。我们将这些由人工智能程序控制的机器人，称为人工智能机器人。

图 5-12 理发机器人

图 5-13 人形机器人

图 5-14 巡逻机器人

当前我们还处在弱人工智能发展阶段，人工智能机器人只能解决某一领域中的特定问题。例如，围棋机器人 AlphaGo，它只能专做一件事，其他方面就不行了。据专家预测，到 2040 年左右“强人工智能阶段”将至，届时人工智能机器人将拥有“与人类级别一样的通用智能”；到 2060 年左右“超人工智能阶段”也将来临，我们可以理解为比最强“人类大脑”还要聪明千万倍的“超级智能大脑”将来到这世界上。这个“临界点”，可能会提早到来，可能永远也不会出现。

未来社会中人工智能机器人会不会取代人类？人工智能机器人算不算一个人？机器与人类之间又该如何相融共生呢？人工智能技术可以极大地提高工作效率，创造巨大经济利益，也给人类社会带来了严峻的挑战。

5.3.2　人工智能带来的社会问题

1. 失业问题

人类智慧优势在于具有创造力，会发明创造和使用“工具”来提高社会生产效率，推动社会不断发展进步。“人工智能”就是人类创造的又一个“工具”，用“人工智能”来替代人类的“脑力劳动”。

纵观历史会发现，每一次技术的发展创新，会提升社会生产效率，带来巨大的经济效益；会创造许多新的工作岗位，同时也必然会造成部分人员失去原有的工作岗位。

未来社会无人超市、无人货柜、无人餐厅会越来越普及，越来越多的工作岗位会被“人工智能机器人”所替代。据调查统计，15 年内最容易被人工智能替代的工作是电话销售、卡车司机、理财顾问、保安人员、翻译人员等重复性工作岗位。

目前，人工智能机器人还难以替代的则是复杂的具有创意性的职业，例如科学家、设计师、谈判专家、企业家、口腔外科医生、教师、飞机机械师等。

人工智能的优势在于记忆和逻辑思维能力远远强于人类，在海量信息处理和分类上比人类要高效许多。例如，围棋机器人 AlphaGo 已具备了强大的自主学习能力。因此，人类需要不断地学习，才能让自已变得更强大，否则会因难以适应社会发展需要而遭到淘汰。

2. 法规问题

人工智能时代“算法”也有机会成为艺术家。人工智能可以通过对过去成功案例的数据学习，最终输出自己的作品（图 5-15），例如写诗、画画、编曲等。但这也带来了一系列的问题，人工智能作品的版权归谁？作者是机器人还是程序员？这对目前实施的知识产权和著作权制度带来了新的问题和挑战。

图 5-15 人工智能作品

3. 安全问题

科技进步的必然结果，就是用机器人替代人类的“体力劳动”，甚至是部分“脑力劳动”。人工智能时代人类和机器人如何安全共处的问题（图 5-16），要引起我们足够的重视。据新闻报道，在德国、日本和我国，都发生过机器人“肇事”导致工人死亡的悲剧事件。

4. 数字鸿沟

老年人群面临的“数字鸿沟”问题表现在，他们往往对信息技术的应用能力和对网络信息真伪的辨析能力都相对较弱。在人工智能时代，诸如没有智能手机怎么实现人脸识别进而获取防疫绿码等问题引发关注，这需要社会和家庭给予更多的人文关怀和耐心帮助。

1940 年，著名科幻作家伊萨克·阿西莫夫提出了“机器人三原则”。

第一，机器人不得伤害人类；

第二，必须服从人类指令，但不得与第一原则抵触；

第三，必须保存自身，但不得与前两条原则抵触。

图 5-16　人工智能与人类的相处

5.3.3　人机融合发展的社会

1. 以安全至上服务人类为本

机器人在使用过程中要确保对人类而言是安全可靠的，要始终坚持以“为人类服务”为本，给人类带来福祉和便利，绝不可以欺骗、伤害甚至毁灭人类。机器人要学会尊重人权，遵守人类伦理社会基本准则和价值。2050 年全球将迈入老龄化，未来是人与机器协作融合发展的社会。届时一定会有大量的护理机器人投入养老机构，可以极大减轻人类护理人员的工作负荷。

2. 对机器人决策事故要坚持采用追责制

如果机器人代替人类决策后产生不良结果，到底是由机器来负责还是由人类来负责？例如，全自动驾驶汽车自主决策错误导致车祸，我们不能让机器或人工智能系统当人类的替罪羊。机器智能是人赋予的，人类必须对决策失误造成的结果负责。

思考探索

1. 你认为人工智能发明的产品专利到底应该属于谁？你支持所谓的人工智能人权吗？

2. 人工智能技术的发展会对人类产生威胁吗，为什么？

后 记

放眼当下，我们不难发现生活中已经越来越多地融入人工智能：医院里有医疗机器人，每天推送给我们的新闻可能是机器自动生成的，搭载无人驾驶技术的汽车已经上路了，即时语音翻译使得出国语言不通也不用担心，无人机、无人车让快递变得更快，手机可以人脸识别解锁，智能音箱带来了人机互动……

而在未来，随着人工智能与5G网络、物联网、大数据、云计算等深度融合，各种智能设备将使人与人、人与物、物与物之间互相联通，形成一个智能互联的生态圈。各种数据在这生态圈中实时互通流动，人工智能则依靠日益成熟的算法和不断提升的算力，成为这个生态系统的核心。

各位青少年朋友们通过本书纵览了人工智能的方方面面后，大家有没有对支撑人工智能发展的数据、算力、算法产生更多的好奇与思考呢？有没有想过，数据到底怎么为人工智能“喂食”？不同的算力在训练模型时会带来多大的差异？提取人脸特征的算法究竟是怎么写的？带着这些问题，我们需要对人工智能进行更为深入的学习，“人工智能从娃娃抓起”系列丛书的第二本，就将带领大家一起探索人工智能算法与程序设计的奥秘。

人工智能是一门更新迭代非常迅速的交叉学科，限于作者的能力与水平，难免会有差错与不当之处，请各位读者批评指正。我们为本书设置了邮箱 rgzncwwzq@163.com，欢迎大家与我们交流。

未来的社会，将是一个“万物互联”“万物智能”的智联网世界。未来人类的工作、学习和生活方式将变得更加智能，可能和现在很不一样，这将是一个难以想象的新世界。

未来已来，你准备好了吗？